河川径流时间序列研究方法及应用

赵雪花 著

中国水利水电出版社

www.waterpub.com.cn

内 容 提 要

　　本书系统地介绍了河川径流时间序列变化规律分析及预测的理论方法和应用方面的最新研究成果,对该领域国内外研究现状和进展进行了综述,总结了河川径流时间序列年内、年际分析指标和径流序列正态性、丰枯性、平稳性、趋势性及长程相关性的研究方法,应用多种方法研究了河川径流序列的突变特征和周期变化特性,提出了基于经验模态分解的多种耦合预测模型,并给出了大量实例说明理论方法的应用。书中以汾河流域为例介绍的理论方法具有一定的普遍性,可供其他流域径流变化规律分析或时间序列分析预测时参考。

　　本书可作为水文水资源、水生态、水环境、水利水电工程、农业水利及相关专业的研究生专业课教材和教学参考书,也可供相关专业技术人员、管理人员与高等院校师生阅读和参考。

图书在版编目（ＣＩＰ）数据

河川径流时间序列研究方法及应用 / 赵雪花著. --
北京：中国水利水电出版社，2015.12
ISBN 978-7-5170-3992-1

Ⅰ.①河… Ⅱ.①赵… Ⅲ.①河川径流—时间序列分析—研究方法 Ⅳ.①P333

中国版本图书馆CIP数据核字(2015)第321458号

书　　　名	**河川径流时间序列研究方法及应用**
作　　　者	赵雪花　著
出 版 发 行	中国水利水电出版社 （北京市海淀区玉渊潭南路1号D座　100038） 网址：www.waterpub.com.cn E-mail：sales@waterpub.com.cn 电话：(010) 68367658（发行部）
经　　　售	北京科水图书销售中心（零售） 电话：(010) 88383994、63202643、68545874 全国各地新华书店和相关出版物销售网点
排　　　版	中国水利水电出版社微机排版中心
印　　　刷	三河市鑫金马印装有限公司
规　　　格	170mm×240mm　16开本　10印张　190千字
版　　　次	2015年12月第1版　2015年12月第1次印刷
印　　　数	0001—1000册
定　　　价	**32.00元**

凡购买我社图书，如有缺页、倒页、脱页的，本社发行部负责调换

全球气候变暖的背景下，国内大部分流域降水时空分布更加不均匀，极端天气频发，洪涝与干旱并存，加之社会经济用水的急剧增加，水资源问题日益突出，不但威胁到供水安全、粮食安全，而且引发一系列生态环境问题。这些严重的水问题给水文水资源学科提出了新挑战：一方面是水资源的短缺与时空分布不均带来不利影响（水源紧缺、旱涝灾害）；另一方面是由于对水资源统筹规划、开发利用不合理造成浪费。如何解决诸多问题，这就要求我们必须做好水文情势的研究工作，不仅要求对目前的水文情势做出分析，还要积极开展水文情势的中长期预测。只有充分掌握径流变化的运动趋势，才能做好旱涝灾害的防范工作，统筹安排、合理利用宝贵的水资源，达到最佳的经济效益、社会效益和生态效益。

目前，中长期径流预测的模型很多，但还没有一种模型对所有的径流序列都是适用的。预测模型的适用性至今仍然是一个有待深入研究的问题。对一个具体径流序列的中长期预测问题，人们往往是通过分析、尝试、检验等步骤，最终找到合适的预测模型。中长期预测方法在传统上主要是根据河川径流的变化具有连续性、周期性、随机性等特点来开展研究的。因此，有必要全面系统地分析径流的变化规律及其各种特性，从区域径流序列存在的实际特点出发，提出适合该区域径流时间序列的预测方法。

作者多年来一直从事水文水资源方面的研究工作，近几年主持了国家青年科学基金项目"变化环境下的径流多时间尺度演变规律研究（批准号：40901018）"、山西省社会发展科技攻关项目（20140313023－4）、山西省高等学校优秀青年学术带头人支持计划项目、山西省高校"131"领军人才工程项目、山西省青年科技研究基金项目"基于希尔伯特-黄（Hilbert－Huang）变换的径流变化规律研究（2007021025）"和太原理工大学青年团队启动项目（2013T039），以及多项横向课题。本书是在总结上述研究成果的基础上完成的。

　　全书共分9章。第1章综述了当前国内外关于河川径流变化规律分析、预测等研究现状和发展趋势，并简述了本书的主要目的及研究思路、研究内容。第2章介绍了河川径流时间序列的年内、年际变化指标与分析方法。第3章对河川径流时间序列的正态性、丰枯性、平稳性、趋势性及长程相关性进行了系统的分析。第4章介绍了有序聚类法、滑动 t 检验、克拉默（Cramer）法、山本（Yamamoto）法、曼-肯德尔（Mann－Kendall）法、佩蒂特（Pettitt）法、勒帕热（Lepage）法、启发式分割算法（BG算法）等多种方法，并运用这些方法对河川径流时间序列进行了突变特征分析。第5章采用经验模态分解（EMD）、集合经验模态分解（EEMD）、奇异谱法比较分析了径流序列的周期性。第6～8章提出了基于EMD的几种耦合预测模型，先采用EMD对径流时间序列进行平稳化处理，再分别结合均生函数、Nash NBGM（1，1）和混沌最小二乘支持向量机对径流时间序列进行预测，并对预测结果进行误差评定。第9章采用了EEMD对径流时间序列进行平稳化处理，然后与适用于平稳序列分析的自回归（AR）模型相结合对径流序列进行预测，并与EMD－AR模型预测结果进行比较，得出了EEMD－AR耦合模型的优越性。

　　在本书成稿过程中，得到太原理工大学水利科学与工程学院诸多老师的支持和帮助；在研究过程中得到了西安理工大学黄强教授的指导与关怀；研究生袁旭琦、陈旭、李靖、张晶、申田田等在研究工作中给予了很大帮助。本书在撰写过程中，参考和引用了许多国内外专家和学者的研究成果，在此一并向他们深表谢意。

　　本书的研究工作得到了国家自然科学基金项目、山西省社会发展科技攻关项目、山西省高等学校优秀青年学术带头人支持计划项目、山西省高校"131"领军人才工程项目和太原理工大学青年团队启动项目的资助，特在此表示衷心的感谢。

本书是作者多年来从事径流变化规律及径流预测方面研究的成果总结，希望本书的出版有利于进一步推动径流变化科学在实际应用中的不断深化与发展。由于作者水平有限，书中不妥之处难免，恳请广大读者给予批评指正。

作　者
2015 年 8 月
于太原

前言

第1章　绪论 …………………………………………………………… 1

1.1　研究目的与意义 …………………………………………………… 1

1.2　国内外研究现状与进展 …………………………………………… 2

1.3　存在的问题及发展趋势 …………………………………………… 9

1.4　本书的主要研究内容 ……………………………………………… 9

第2章　河川径流时间序列基本特征分析 ………………………… 12

2.1　径流年内变化特征分析 …………………………………………… 12

2.2　径流年际变化特性分析 …………………………………………… 20

2.3　本章小结 …………………………………………………………… 24

第3章　河川径流时间序列变化特性分析 ………………………… 25

3.1　径流变化正态特性分析 …………………………………………… 25

3.2　径流变化丰枯特性分析 …………………………………………… 28

3.3　径流变化平稳特性分析 …………………………………………… 33

3.4　径流变化趋势特性分析 …………………………………………… 39

3.5　径流变化长程相关性分析 ………………………………………… 45

3.6　本章小结 …………………………………………………………… 52

第4章　河川径流时间序列突变分析 ……………………………… 53

4.1　引言 ………………………………………………………………… 53

4.2　突变分析的方法原理 ……………………………………………… 54

4.3　结果分析 …………………………………………………………… 60

4.4　本章小结 …………………………………………………………… 71

第5章　河川径流时间序列周期性分析 …………………………… 72

5.1　基于EMD的径流时间序列周期分析 …………………………… 72

5.2　基于EEMD的径流时间序列周期分析 ………………………… 87

5.3　基于SSA的径流时间序列周期分析 …………………………… 92

5.4　本章小结 …………………………………………………………… 99

第6章 基于 EMD 的均生函数耦合模型的年径流序列预测 ················· 100

6.1 概述 ················· 100

6.2 径流序列 EMD 平稳化处理 ················· 101

6.3 均生函数模型 ················· 104

6.4 基于 EMD 的均生函数逐步回归耦合模型的年径流预测 ················· 105

6.5 基于 EMD 的均生函数最优子集耦合模型的年径流预测 ················· 108

6.6 本章小结 ················· 112

第7章 基于 EMD 与粒子群优化算法的 Nash NBGM（1，1）耦合模型的年径流预测 ················· 114

7.1 理论方法 ················· 114

7.2 耦合模型的建立及预测 ················· 117

7.3 本章小结 ················· 120

第8章 基于 EMD 混沌-最小二乘支持向量机耦合模型的年径流预测 ··· 121

8.1 径流序列的混沌特性分析 ················· 122

8.2 混沌-最小二乘支持向量机模型 ················· 123

8.3 径流序列相空间重构与混沌特性识别 ················· 125

8.4 模型建立及预测 ················· 132

8.5 本章小结 ················· 134

第9章 基于 EEMD 的 AR 耦合模型的年径流预测 ················· 135

9.1 自回归（AR）模型 ················· 135

9.2 模型建立与预测分析 ················· 135

9.3 本章小结 ················· 141

参考文献 ················· 143

第1章 绪 论

1.1 研究目的与意义

水是影响人类社会发展最重要的自然资源之一，也是一切生物生存的基本条件，影响着社会的发展和生态环境的改善。随着世界人口的快速增长和各国经济的迅速发展，水资源问题渐渐引起了人们的关注，成为 21 世纪全球关注的热点之一，是各国政府和社会组织密切关注的焦点。众所周知，我国是一个严重干旱缺水的国家，人均水资源占有量只有 $2300m^3$，仅占世界平均水平的 1/4 左右，是全球缺水较为严重的国家之一，且水资源时空分布极不均匀，东多西少，南多北少，雨季多旱季少。特别是近年来，城市人口剧增，生态环境恶化，工农业用水效率低下，浪费严重，水源污染等问题，使原本就匮乏的水资源变得更加紧张，现已成为制约国民经济可持续发展的瓶颈。由于上述诸多问题的存在，使人们越来越认识到所面临水资源问题的严峻性，同时也给水文学及水资源研究工作提出了挑战。一方面是水资源的匮乏以及其时空分布不均所带来的负面影响（如水源的紧缺、旱涝灾害等），另一方面由于对水资源统筹规划管理以及不合理的开发利用所造成的不必要浪费。要想解决上述问题，就需要我们必须做好对水文变化情况的分析与研究工作，不仅要求对当前的水文情势做出科学分析，还要积极开展水文情势的预测研究。只有掌握径流变化的特征和演变趋势，才能更好地防范旱涝灾害，对有限的水资源进行统筹规划、合理安排，使经济效益与社会效益最大化。

水资源主要包括地表水和地下水，地表水是水资源利用的主要部分，地表水是指河流、湖或淡水湿地。其中，与人类社会发展联系最为密切的是河川径流的水资源。河川径流是水循环的关键组成部分，它是对水资源进行合理优化调配和正确管理的理论基础。径流的大小及改变主要与气候条件、地形地貌、降水等自然因素和人类活动有关。由于影响径流变化的原因比较多，导致径流的变化充满不确定性，给人类对径流的开发利用带来了困难。因此，对河川径流变化特征及趋势预测的研究非常有必要。

鉴于此，科学合理的径流特性分析及准确预测能为流域水资源的合理调度与优化配置、水资源保护与规划、水资源有效管理等工作提供合理的水量时空

1

分布依据，进而使有限水资源的利用效率不断得到提高，为流域的经济发展和生态环境保护提供可靠保障。随着社会经济的不断发展，各生产部门（如水库调度、水利工程建设、防汛、抗旱、航运等）对径流分析预测精度的要求越来越高。如何对径流进行高效合理的预测，是目前亟待解决的问题。在气象、气候、下垫面和人类活动等诸多不确定性因素的综合影响下，河川径流的时空变化呈现出弱相依、高度复杂非线性、非平稳的特性，无法用确切的函数对其进行描述，以目前的科技水平也很难做到准确的分析预测，特别是径流中长期分析预测更加困难，一直以来都是备受国内外关注的热点。当前，关于径流预测的研究尚处于探索发展阶段，针对某个流域建立的任何一个模型都没有普适性，其预测精度也不完全满足当地的实际需要，限于当前的科学技术水平，国内外关于中长期径流预测，尚无较为成熟有效的方法可以借鉴，对该方面的研究工作仍处于积极探索与不断发展当中。当前传统预报模型和新技术、新理论预报模型共同面临着一个难题——预报精度不能满足实际的需要，预测结果很难在实践中得到推广应用。因此，不断地引入新的理论和方法，同时将不同的方法有机结合起来，研究流域径流演变规律并对其做出准确预测对流域的水资源合理开发、水利工程建设、水土保持规划、水库调度等具有非常重要的理论意义和现实意义。

1.2　国内外研究现状与进展

1.2.1　河川径流年内、年际特征分析状况

　　径流年内各月流量分配的不均匀程度取决于时间和空间的变化情况。径流年内变化情况影响着河流管理中的优化调度和合理配置，也决定了流域内水利工程的建设规模。河流流量随时间变化的基本特征主要从两个方面分析，即年内变化和年际变化。其中，年内变化分析的主要内容是河流流量在一年内各月的分布特征，分析径流量随时间的变化特征。年际变化基本特征主要是对河流历年的流量变化特征进行分析，是进一步分析河流流量变化规律的基础。涂新军等分析了东江流域年内径流量不均匀性分配的年际变异特性，对多年的年内变化特征进行了对比分析；王双银等在冯家山水库河流流量特性研究中从全年各月的流量分配情况，集中度及集中期值计算等方面对流量的年内变化特征进行了分析；李艳等通过计算径流年内分配不均匀性、集中程度、变化幅度等指标对北江流域径流序列年内分配特性进行了分析；胡彩霞等提出了将基尼系数作为分析河流流量年内变化不均匀性特征的指标，以东江流域为例验证了其适用性；徐东霞等在分析嫩江的年内流量的变化情况时，分析的主要指标有流量

年内各月的分布情况、每年的完全调节系数、集中度、集中期、年内分配变化幅度等。目前分析河流年内各月流量变化特征的指标主要有变差系数 C_v、年内完全调节系数 C_t、年内分配变化幅度、集中度、集中期和基尼系数等。年径流变差系数 C_v 可用于衡量河川径流流量的年际变化，其值反映了河流多年流量的波动变化情况，C_v 值越大，河流多年的流量变化越剧烈，不利于流域内水资源的开发利用和防汛抗旱；反之，径流的年际变化平缓。

1.2.2 河川径流序列趋势分析和变异点检验状况

变量的演变主要存在两种形式：一种形式是连续性变化，另一种形式是不连续性变化。径流连续的演变形式是指河川径流的变化趋势，具体指河流的流量随时间的增加呈现连续性的变化，包括持续递减、持续递增和波动情况。马颖等在分析海河水系的径流时间序列的趋势变化时，采用了曼-肯德尔（Mann-Kendall）法；吕继强等采用累计均值法、滑动均值法等分析了新疆和田河流域的时域变化特征；杨帆等基于多种趋势分析方法的理论基础，提出了一种基于插值法的新的趋势分析方法；王生雄等以渭河华县站 1956—2000 年的多年流量资料为例，采用 Mann-Kendall 法和中值检验法对径流时间序列进行了趋势分析；刘建梅等在研究杂谷脑河径流变化情况时，引入了小波理论方法。趋势分析的常见方法有滑动平均、线性估计、二次滑动、累计距平和五点三次平滑等。

突变理论的数学基础知识是常微分方程中关于奇点的分析，其关键点是分析某一过程持续稳定状态的快速切换。基于统计学分析，突变的产生是从一个样本统计特征值到另一个样本统计特征值的快速切换。目前，对突变问题的分析还没有形成完善的理论体系，在处理常见的突变现象时，人们根据统计理论、概率理论等提出了一些比较准确的检验方法，这些方法分析数据的 3 个方面：数据的均值和方差有无突变改变；数据的回归系数是否存在突然改变；由数据资料统计出的事件的概率是否存在突然变化。在突变的研究中，引起广大学者关注的焦点问题是关于该理论在实际生产生活中的应用问题。由于理论的知识以及研究的局限性，到目前为止，突变现象的发生还不能给予非常明确的诠释，正是由于这种问题的存在，可能会得到错误的研究结论。针对该理论存在的问题可以采用以下 3 种途径进行完善：在检验时间序列的突变问题时，采用多种检验方法来检验，通过各种方法的检验结果对比，提高结果的准确率；对于检验出来的结论，再用多种严格的显著性水平的检验方法进行校核；结合实际，利用专业的水文学知识对突变现象进行判断，以使理论结果与实际现象相一致。在径流序列的突变现象检验中，现在常用的方法主要有：有序聚类法、Mann-Kendall 法、山本（Yamamoto）法、滑动 t 检验、勒帕热（Lepage）法、克拉默（Cramer）法、佩蒂特（Pettitt）法和启发式分割算法（BG 算法）等。

1.2.3　河川径流周期分析状况

水文时间序列一般含有概率意义上的周期成分，如何有效地识别、判定水文时间序列的周期成分，已经成为水文学者十分关注的一个研究课题。因为多种因素影响下的水文过程具有不确定性和复杂性，所以，对于水文时间序列的周期分析，学者们分别经历了从傅里叶分析到小波分析，再到希尔伯特-黄变换的研究历程。

（1）以傅里叶变换为基础的传统谱分析。傅里叶变换于 1807 年由法国数学家傅里叶（Fourier）最早提出，由此出现了与时域相对应的频域；1965 年快速傅里叶变换的出现，使频域分析走向实用并迅速拓展。例如，方差谱估计是通过傅里叶变换将水文序列从时间域转为频率域进行周期分析的工具；最大熵谱法（maximum entropy method）是在数据系列熵达到最大的基础上，利用相关函数将假设存在的未知的那一部分数据通过迭代方法推算出来，从而得到功率谱。

奇异谱分析（singular spectrum analysis，SSA）是从时间序列的动力结构出发，并与经验正交函数（empirical orthogonal function，EOF）相联系的一种统计技术，它已广泛应用于时间范围上的信号处理中。SSA 的优点主要表现在两方面：①基于自身数据的一种趋势估计方法，不需要其他指标数据，也不存在过度拟合等问题，十分适合于对非线性时间序列的变化进行分析；②对嵌套空间维数的限定，可以有效地对振荡的转换进行时间定位。SSA 非常善于识别隐藏在时间序列中的弱信号，是近年来出现的研究周期振荡现象的一种新统计技术，使得提取水文序列周期的技术有了新的飞跃。

（2）小波分析。小波分析（wavelet analysis）由法国地质学家 J Morlet 最早于 1984 年提出，核心是小波变换。之后 Grossman 和 Meyer 等对小波进行的一系列深入研究使小波分析有了坚实的数学基础。1993 年，Kumar 等运用正交小波（Harr 小波）变换分析了空间降水的尺度和振荡特征，这是小波变换的概念首次应用于水文学领域；自此之后，对于小波变换在水文时间序列分析和预测的方面，国内外的水文学者先后展开了研究。卢文喜等采用 Morlet 小波分析方法研究了吉林省大安地区年降水量序列的变化特征；翟劭燚等采用 Morlet 小波研究了海河流域近 50 年来降水变化的多时间尺度特征；李占玲等采用 Morlet 小波分析方法研究了雅鲁藏布江流域 6 个站点的径流序列；傅朝和王毅荣采用 EOF 和小波变换对黄土高原 40 年的月降水变化特征进行了研究；李远平和杨太保采用墨西哥帽小波函数研究了柴达木盆地近 50 年的气温和降水时间序列；邵晓梅等采用墨西哥帽小波函数研究了黄河流域近40年来降水的季节变化和年际变化时间序列；王澄海和崔洋将小波变换和SSA两种分析方法相结合，研究了西北地区26个站近50年的降水周期随时间的变化。

（3）EMD-HHT及EEMD-HHT分析。希尔伯特-黄变换（Hilbert-Huang transform，HHT）是由Huang等于1998年提出来的一种新型的非线性、非平稳的时频分析方法，主要由经验模态分解（empirical mode decomposition，EMD）方法和希尔伯特（Hilbert）变换两部分组成。与傅里叶变换、小波变换等时频分析方法相比，EMD方法具有自适应的优点，因此它能很好地处理非线性、非平稳过程；然而，传统EMD具有模态混叠的问题。对此，Huang曾经提出了中断检验的方法，这种方法的原理是先直接对信号进行EMD，然后再对分解出来的结果进行观察，如果出现模态混叠现象则重新进行分解，可以看出这种方法需要人为后判检验；重庆大学的谭善文提出了多分辨的EMD思想，该方法的原理是对每一个IMF分量都规定一个尺度范围之后再进行EMD，以此来解决模态混叠，可以看出这种方法牺牲了EMD方法良好的自适应性。最后，Huang等又提出了集合经验模态分解（ensemble empirical mode decomposition，EEMD）方法，EEMD方法是在传统EMD方法的基础上进行的改进，它是将白噪声加入信号来补充一些缺失的尺度，在信号分解中具有良好的表现，EEMD方法不仅保留了EMD方法自适应的优点，还有效抑制了其模态混叠的问题。EEMD与Hilbert变换相结合的方法，已经被广泛应用到机电工程、应用力学、机械故障诊断及地震信号检测等领域。

（4）其他分析方法。除了上述的分析方法之外，可以对水文时间序列进行周期分析的方法还有很多，如鲁棒PCA聚类分析法、连续功率谱分析法、R/S分析法、多因子逐步回归分析法以及模糊分析法、灰色系统法、混沌理论分析方法等。其中，主成分分析法（principle component analysis，PCA）对系统具有很高的线性依赖性，为此Xu Lei等提出了在目标函数中加入修正项来提高其鲁棒性的做法，邓红霞将这种改进的鲁棒PCA方法与聚类分析、模式识别等方法相结合，提出了一种特别应用于径流的周期特性研究的鲁棒PCA聚类分析法。

1.2.4　河川径流预测方法状况

国外对于径流预测研究起步较早，研究技术发展速度较快，已初步建立起了较完善的径流预测研究体系。受资料条件和科学技术水平的限制，在很长一段时间里，国内的预测研究一直处在一个与实践经验相关的发展水平上。一直以来，径流中长期预测都是难度比较大的研究课题之一，限于目前的科学技术水平, 国内外径流的中长期预测尚无比较成熟有效的方法可以借鉴, 该方面的研究仍处于不断探索与发展之中。

中长期径流预测作为水文水资源科学研究的热点和难点之一。国外 19 世纪末、20 世纪初开始对中长期水文预报进行研究。"世界天气法" 最先将洪水预报应用于尼罗河下游流域, 之后又将其推广到北美和欧洲的一些地区和国家。20 世纪 30 年代, 涂长望依据前期气候变化特征对后期长江流域水文情势进行了预报。20 世纪 50 年代, 内蒙古水文总站依据 "历史演变法" 对黄河流域的长期洪水预报进行了研究。张家诚等以东亚大气环流为基础, 对长江流域的中长期预测进行了研究。20 世纪 60 年代之后, 随着先进探测手段的出现及海洋学、气象学等相关学科的发展, 中长期水文预报得到了进一步发展。1992年, 美国国家气象中心首先将组合预报的方法引进中长期水文预报领域。近年来, 各国不仅注重预报模式分辨率的提高、预报技巧的创新, 而且开始强调数值预报产品的综合开发利用。

虽然河川径流预报是一门复杂的非线性、非平稳动力学, 但因其具有重要的地位和广阔的应用前景, 很多专家学者对此进行了大量的探讨研究工作。当前国内外有关径流中长期预测方面的研究仍处在积极的探索与不断的发展阶段, 常用的水文预报方法有基于传统预报技术的数理统计法和成因分析法, 以及基于现代人工智能技术的模糊分析法、小波分析法、分形理论、混沌理论、灰色理论、人工神经网络、支持向量机等方法, 随着计算机科学的不断发展, 预报方法与思路日益增多。根据预报模式的不同, 可将水文预报模型粗略地分为数理统计模型和物理成因分析模型两大类。这两大类预测模型各有其适用条件和优缺点。物理成因分析法主要是借助大气环流、天气、海温、太阳黑子等指标进行预报。其主要思路是通过建立后期水文要素 (如径流) 与前期大气环流特性及与这些特性有关的各种气象因子之间的定量分析关系, 来进行水文预报。然而由于水文气象要素长期演变规律的复杂性及其不确定性, 其物理机制尚未完全被识别, 对物理成因还很难做到客观的定性或定量评价, 再加上该方法对数据资料要求较高, 因此利用物理成因分析法对径流进行预测难度仍较大, 目前物理成因分析法在水文预报部门应用还较少。成因分析法有实际的物理基础作支撑, 是今后水文中长期预报一个重要的发展方向之一。数理统计方法是在中长期水文预报中被广泛应用的一种方法, 它借助数理统计的理论和方法, 从大量的历史资料中识别水文要素自身统计演变的规律性或者寻找预报对象与预报因子之间的内在联系, 通过建立预报模型来进行水文预报。数理统计法主要包括单因素预报 (时间序列分析法) 和多因素预报。时间序列分析法是揭示各种水文现象自身演变规律性的一种有效而可靠的预测方法。作为近代统计学重要分支, 多因素分析法在中长期预报中应用领域最多、范围最广。基于现代人工智能的预报技术是当前水文中长期预报研究的热点之一。

传统水文预报技术的逐步成熟和完善，以及理论、方法的不断创新，使上述预报方法的内容和手段不断得到充实，预报方法向多元化、多样化方向发展，从而出现了各种各样的组合预测方法。组合预测方法着眼于单项预测方法的近似性和局限性，通过将多个不同的水文预报方法进行适当组合（如线性加权组合、变化权重组合、熵值法、最优加权组合等），得到组合预报方法，其目的是尽量挖掘各个预测方法所提供的信息，充分发挥各个预测方法的最大优势，从而使预测精度得到提高、预测结果变得更加可靠。组合预报模型如小波分析与人工神经网络组合预报模型、模糊理论与人工神经网络组合预报模型、混沌理论与人工神经网络组合预报模型以及其他组合预报模型，这些组合模型的出现和发展，使径流预测精度得到了一定程度提高，但神经网络与混沌模型在提高模型的泛化能力上缺乏理论依据，在实际应用中受到限制；小波分析法需要事先人为地选择小波基函数以及分解尺度，由于其信息带有明显的主观性，并且这种主观性对分解结果会产生较大的影响，分解结果很难做到对序列自身特点的真实反映，因此，该方法在实际应用中同样有所限制。对于组合模型的研究目前还仅仅处于探索性研究阶段，组合预测的主要问题在于：当前在选择组合预测方法上，尚没有明确的指导原则；对于组合预测模型实际应用的实时性与有效性研究不够。所以，今后关于组合预测研究方面还需投入较大的精力，组合模型的探索研究将成为今后水文预报研究的热点之一。

1976 年，Refsgaard 和 Hansen 将 AR 模型与回归模型进行组合对径流进行预测，结果显示组合预测模型的预测精度明显高于单一模型的预测精度。1983 年，Makridakis 和 Winkler 对近 10 种不同的预测模型进行了研究，并针对不同的组合预测方法给出相应的评价，结果显示在 4 种组合预测模型中，时变误差平方和方法的预测效果最好，而包含误差协方差的组合方法的预测效果不甚理想。1987 年，WcLeod 将变换函数噪音模型、自回归模型和概念模型进行组合预测，结果显示组合预测的效果优于单独预测模型的预测效果。1996年，Donaldson 和 Kamstra 将多种基于 ANN 的组合预测方法引入到经济学研究领域，结果表明组合方法比单项预测方法的预测更精确。1997 年，Shamseldin 等将 ANN 组合方法引入到水文学研究领域。1997 年，Schreider 等将概念性降雨-径流模型与自适应线性筛选方法加以耦合对墨累河的日径流进行了预测。2001 年，Shamseldin 和 O'Commor 从线性模型和非线性模型的角度对 ANN 模型进行了深入的研究，为人工神经网络在水文学中的应用打下了良好的基础。2006 年，Kim 等对均方差、常系数回归、简单平均和 ANN 组合预测方法等进行了研究，通过对比各组合模型的预测效果，得出组合方法使预测精度得到了一定程度的提高。2009年，Jeong和Kim将水利经验和解析推导作为参考，对预测组合技术加以选择，在此基础上，从理论和实证角度对组合模型的预测效果做出了评价。

国内对径流预测组合方面的研究开始的比较晚。1996年，黄伟军等借助最优组合手段将门限自回归模型与分级退水模型进行耦合，并利用贝叶斯方法对预测结果做出了评价。2004年，段召辉等将时间序列模型与径流响应线性模型加以耦合对日径流量进行了预测，预测结果显示耦合预测模型对径流预测精度的提高是有效的。2008年，殷峻暹等以丹江口水库为研究对象，首先研究单一时间序列分析模型和ANN模型的预测效果，然后建立二者的组合预测模型并对径流进行预测，结果显示组合预测模型的预测效果明显优于单一预测模型。2009年，傅新忠等通过建立时间序列预测模型（ARIMA）与BP神经网络模型的组合预测模型对径流量进行了预测研究，结果显示组合预测模型具有较强的容错能力，其预测精度也有明显提高，该耦合预测模型对提高径流中长期预测精度是行之有效的。2009年，黄志强等研究了各种水文预测的组合模型，并将其应用到长潭水库流域的洪水预报中，结果显示组合模型的实际应用效果良好。2011年，孙惠子等将差分自回归移动平均模型、人工神经网络和多元线性回归进行简单平均组合及最优加权组合，对枯季径流进行了预测研究，并将组合预报结果与单独预报模型的结果进行了比较，结果显示：与简单平均组合模型相比，通过最优加权法建立的组合预测模型在提高预测精度方面具有明显的优势，并且最优加权组合模型精度不仅取决于各单项预测模型精度，而且与预报精度和各单项模型间的相关性有关。2012年，郭华等将灰色GM（1,1）模型、BP人工神经网络与马尔科夫链进行组合对入库径流量进行预测，结果显示组合模型的预测精度高于单独模型的预测精度。2014年，黄生志等将EMD与SVM进行组合对渭河月径流进行预测，并将预测结果与单一SVM模型的预测效果进行比较，结果证明了EMD与SVM组合模型的可靠性。

国内外对径流中长期预测已做了大量的研究，但对于径流观测数据的处理多数是在时间序列平稳的假定下完成的，这样会导致预测精度大大降低，因此对径流序列的平稳化处理显得尤为重要。1998年，Huang等提出了一种信号处理方法——EMD，本质上该方法是对信号序列进行平稳化处理，本书首先利用EMD或EEMD法对径流序列进行平稳化处理，然后结合各种时间序列预测模型对河川径流序列进行分析预测，提高预测精度，为流域的水资源合理规划与有效管理、水量优化调度等工作提供可靠的水量时空分布信息，进而通过不断提高水资源的利用效率，使有限的水资源社会经济与生态环境功能得到充分的发挥。

1.3 存在的问题及发展趋势

目前，河川径流特征的研究是国内外学者关注的焦点问题。在自然因素和人类活动的影响下，河川径流随时间的变化也呈现出复杂多变的特征。因此，径流变化是一个非常复杂的问题，虽然近些年来在该领域的研究发展得很快，但是还存在很多问题需要研究和解决。

（1）现在，河川径流特征的研究方法很多，包括以概率理论为基础的随机分析、以统计理论为基础的模糊分析、灰色理论和分形理论等。各种理论方法在径流方面的研究都有很大的发展，但没有将各种理论联系在一起，做系统的分析，以至于径流特征的研究结论繁杂，没有很好地进行系统整理，给河川径流研究在实际生产生活中的推广和应用带来了障碍。

（2）重视水文资料的观测、收集和审查。资料数据不足、记录缺失、不准确以及资料代表性不好等问题严重影响了径流的研究。一方面，加强河川径流和流域内气温、降水等气象数据资料的收集；另一方面，研究人员应当拓展研究的视野，收集和径流量有着间接、不明显关系因素的数据资料，如天文现象等。

（3）拓展研究的广度，重视向其他相关学科的学习、交流和应用。随着科学的迅速发展，单一领域的研究越来越受到限制，很多问题需要借助其他领域的知识来解决。同时，各领域的研究方法可以在一定程度上相互借鉴，相互学习。尤其是引进现代数学、物理等基础学科的前沿方法到径流特征及径流变化规律的研究中。

（4）中长期水文预报方法和理论研究虽然已经很多，但是目前为止还不存在任何一种模型适用于所有变化特性的水文序列，对预报模型的普适性与有效性方面的研究不够，以至于得不到理想的预测效果，使当前发展比较成熟的经典预报方法很难在实际应用中得到推广。

（5）在预报方法上，单一预报模型或简单的线性组合预报模型只是着眼于水文要素局部变化的规律性，其预测效果不甚理想，不能满足水利工程生产实践的要求，所以，为提高径流中长期预测精度必须在预测方法的改进和组合预测模型的建立上多做研究。

1.4 本书的主要研究内容

研究全球气候变化和人类活动影响下的河川径流的演变规律并对其做出

准确预测，是一项长期而复杂的系统工程，需要多领域、多学科交叉技术理论的共同努力才可能实现。本书的总体目标是，在分析河川径流演变规律的基础上，对径流未来变化情势做出预测，为流域的水资源规划与管理、水量调度以及区域经济可持续发展工作提供合理可靠的水量时空分布依据。

本书的具体研究内容如下。

第 1 章绪论。论述研究的目的与意义，阐述河川径流基本特征、特性分析、周期分析以及预测方法的研究现状与进展，提出在这些方面目前存在的问题及发展趋势，由此提出本书的主要研究内容。

第 2 章河川径流时间序列基本特征分析。对河川径流进行年内、年际分析。径流年内分析包括：①径流年内分配百分比；②径流年内分配曲线；③径流年内分配特征值。径流年际分析包括：①径流年际变化曲线；②年径流模比变化曲线；③径流年际变化特征值。了解径流序列的基本变化规律及其统计特征。

第 3 章河川径流时间序列变化特性分析。对径流时间序列的正态特性、丰枯特性、平稳特性、趋势特性及长程相关性进行了系统研究，所得结果将为径流预测提供一定的基础信息。

第 4 章河川径流时间序列突变分析。采用有序聚类法、滑动 t 检验、Yamamoto 法、Mann-Kendall 法、Cramer 法和 Pettitt 法、Lepage 法和 BG 算法等方法。对河川径流时空变化特征和突变时间进行系统分析，为揭示径流的突变特征作一些理论探讨，其结果可为区域水资源优化配置提供科学依据。

第 5 章河川径流时间序列周期性分析。考虑到河川径流为非线性、非平稳时间序列，采用 EMD、EEMD 和 SSA 分析探讨河川径流的周期变化规律。

第 6 章基于 EMD 的均生函数耦合模型的年径流序列预测。通过 EMD 将径流序列进行平稳化处理，结合均生函数的周期特性，采用 EMD 和均生函数逐步回归模型、均生函数最优子集模型进行比较预测。

第 7 章基于 EMD 与粒子群优化算法的 Nash NBGM（1，1）耦合模型的年径流预测。考虑到 Nash NBGM（1，1）模型适用于非线性小样本时间序列，先对用 EMD 河川径流序列进行平稳化处理，再采用 PSO 算法对 Nash NGBM（1，1）模型进行参数优选，进而建立组合模型对年径流序列进行预测。

第 8 章基于 EMD 混沌-最小二乘支持向量机耦合模型的年径流预测。首先用 EMD 对径流时间序列进行平稳化处理，由于序列的平稳性会直接影响相空间重构参数的最优选取，对各阶 IMF 进行参数优选、相空间重构以及混沌特性的识别，然后对具有混沌特性的子序列采用 LSSVM 模型进行预测，对不具有混沌特性的序列采用多项式进行拟合和预测，趋势项利用 GM

（1，1）模型进行预测，最后对各预测结果进行重构得出年径流序列的预测值。

第9章基于EEMD的AR耦合模型的年径流预测。考虑到EMD有可能出现模态混叠，本章采用EEMD有效避免EMD模态混叠问题的出现，保证了IMF分量实际的物理意义，又充分发挥AR模型对平稳时间序列有效预测的优势，提出EEMD-AR耦合模型对径流序列进行预测。

第2章 河川径流时间序列
基本特征分析

河川径流的年内、年际变化特性不仅对人类社会经济系统的平衡产生影响，而且对生态环境系统的健康也有影响。其主要表现在两方面：①径流丰枯变化首先改变的是水资源的供需平衡关系，进而对水资源的开发利用状况产生影响；②径流的规律性变化对周围环境中与之相关的化学、物理以及生物过程产生着某种程度的影响。因此，对径流演变过程及其规律性的研究，有利于分析和掌握河川径流未来的发展趋势，对水资源的合理开发与有效利用以及生态环境建设具有重要的指导意义。

2.1 径流年内变化特征分析

由于受气候、气象、下垫面以及人类活动等因素的影响，导致河川径流的年内分配状况发生着显著的变化，而在河川径流年内分配特性改变的影响下，流域水资源开发利用、水量调度、工农业以及生态环境取用水也应做出相应的调整。

在季节性因子降水、气温等要素的影响下，径流的补给与排泄以及年内分配也相应地呈现出一定的季节不均匀性和周期性。当前，对径流年内分配特性进行分析研究的方法有很多，本书采用以下几个指标来研究径流年内变化特性：各月径流量占年径流量的百分比，汛期径流量占年径流量的百分比、年内分配变差系数、集中程度（期）以及变化幅度等指标。

2.1.1 年内分配比

对于我国的河流，洪涝灾害多发生在降水较多的汛期，而旱灾多发生在降水稀少的非汛期。因此，为掌握洪涝、干旱等极端事件发生的规律性，对径流年内分配特性进行分析是十分必要的。影响径流年内分配的主要因素是气候，受极地大陆气团和副热带海洋气团影响，汾河流域属于半干旱、半湿润气候过渡带的温带大陆性季风气候区，汾河流域降水年内分配极不均匀，夏、秋季节降水量多，冬、春季节降水量少，在上述气候条件的影响下，该流域径流年内分配也呈现出夏、秋季多，春、冬季少的变化规律。表2.1列出了汾河上游上静游站、汾河水库站、寨上站和兰村站4个水文站1956—2000年径流年内分配统计情况。

表 2.1　汾河上游 4 个水文站各月平均径流量占年平均径流量的百分比　　　　　%

月份	1	2	3	4	5	6	7	8	9	10	11	12
上静游站	2.61	3.46	7.41	6.23	4.89	6.00	16.39	23.96	12.69	7.83	5.22	3.31
汾河水库站	2.39	3.09	8.71	6.97	5.29	6.21	14.12	23.08	14.14	8.11	4.84	3.05
寨上站	2.18	2.77	7.2	6.29	4.97	6.06	15.35	24.93	14.78	8.09	4.54	2.84
兰村站	2.98	3.23	5.94	6.39	4.78	6.11	14.77	24.9	14.58	8.2	4.72	3.48

　　由表 2.1 可以看出，各水文站径流年内分配状况基本一致，全年径流主要集中在 7—9 月，占全年径流的 50% 以上，这是由于本区域的雨季主要集中在这 3 个月；3—4 月径流量有小幅的上涨，主要是由于冰雪消融引起的春汛造成的。汾河上游的汛期主要集中在 6—11 月，其中上静游站、汾河水库站、寨上站、兰村站多年平均汛期径流量占全年径流量分别为 72.09%、70.51%、73.75% 和 73.29%，其余 6 个月分别为 27.91%、29.49%、26.25% 和 26.71%。由此可知，汾河上游径流主要集中在汛期，为更直观地反映这一规律，绘制 4 个水文站年径流量与汛期径流量年际变化曲线，如图 2.1 所示。

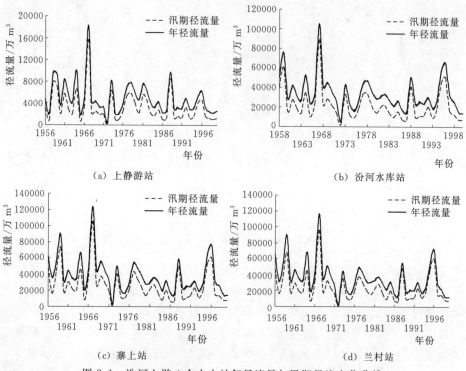

（a）上静游站　　　　　　　　　　　　（b）汾河水库站

（c）寨上站　　　　　　　　　　　　（d）兰村站

图 2.1　汾河上游 4 个水文站年径流量与汛期径流变化曲线

由图 2.1 可以看出，4 个水文站的年径流与汛期径流变化趋势相吻合，说明汛期径流量决定了全年径流量的总体走势，即全年径流量主要取决于汛期径流量。

2.1.2　年内分配曲线

为进一步揭示汾河上游径流年内总体变化特性，又从不同年代的角度对其进行了分析，年内分配曲线如图 2.2 所示。

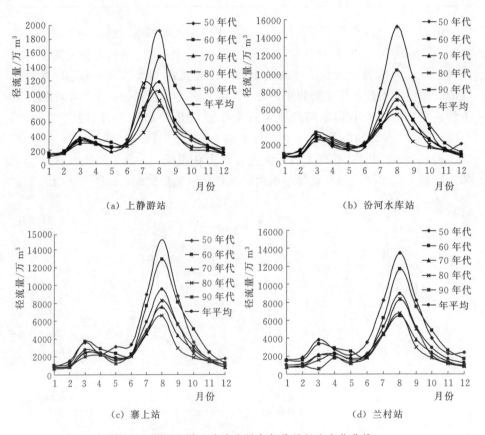

图 2.2　汾河上游 4 个水文站各年代月径流变化曲线

由图 2.2 可以看出，汾河上游 4 个水文站各个年代的最大月径流大致出现在 8 月，4 个水文站年平均最大月径流情况一致，均出现在 8 月。汾河上游各年代月径流变化呈现 "双峰型"，峰值分别出现在 3 月和 8 月，且其峰值从 20 世纪 50 年代到 90 年代大体呈现降低。从全年变化趋势来看，1—3 月径流有略微的增加，3—5 月径流值略微减少，6—8 月径流值增加显著，之后到 8—12 月径流值迅速降低，并且各个年代变化趋势基本一致。

2.1.3　年内分配特征值

河川径流时间序列年内分配特征值主要包括变差系数、完全调节系数、集中度（期）以及变化幅度等指标。本书结合上静游站、汾河水库站、寨上站和兰村站的天然径流对河川径流年内分配特征值进行了分析研究。

2.1.3.1　径流年内分配变差系数

计算 4 个水文站年内变差系数 $C_v = \sigma / \bar{x}$，其中 σ 为样本标准差，$\bar{x}$ 为样本均值，用一次方程拟合其变化趋势如图 2.3 所示。

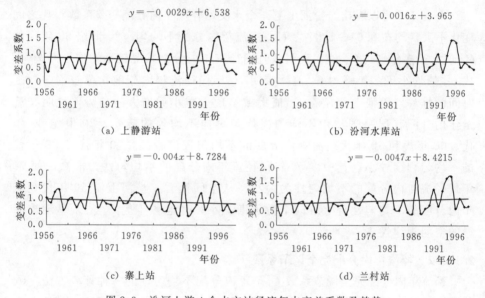

（a）上静游站　　　　　　　　　　（b）汾河水库站

（c）寨上站　　　　　　　　　　　（d）兰村站

图 2.3　汾河上游 4 个水文站径流年内变差系数及趋势

从图 2.3 中可以看出，汾河上游径流年内分配变差系数在 0.2～1.8 之间，变化幅度较大，4 个水文站的径流年内分配变差系数仅在 1967 年、1988 年、1995 年、1996 年的值比较大（C_v 均值在 1.5 以上），其余年份 C_v 值多在 0～1 之间，可见汾河上游年内分配不均匀；从趋势线可知，上静游站、寨上站和汾河水库站的 C_v 值有缓慢下降的趋势，兰村水文站的 C_v 值有缓慢上升的趋势，但是趋势线的斜率均很小，总体变化趋势并不显著。

通过计算 4 个水文站各个年代的月平均径流量而得出各年代径流变差系数，进而对各个年代的月平均径流量的年内分配变差系数进行比较，分析每个站每个时期的径流分配情况，并对其在时间和空间上分布的不均匀性进行分析。汾河上游 4 个水文站各年代径流年内分配变差系数 C_v 见表 2.2。

15

表 2.2　　　　　　汾河上游 4 个水文站各年代径流年内分配变差系数

年份	上静游站	汾河水库站	寨上站	兰村站
1956—1960	1.05	1.04	0.93	0.80
1961—1970	0.79	0.76	0.85	0.76
1971—1980	0.76	0.66	0.78	0.72
1981—1990	0.83	0.64	0.72	0.78
1991—2000	0.65	0.73	0.81	0.95
多年平均值	0.76	0.73	0.81	0.79

由表 2.2 可以看出，汾河上游 4 个水文站径流年内分配变差系数年代之间变化不大，均在 0.64～1.05 之间，径流年内分配不均匀。20 世纪 50 年代的 C_v 值大于多年平均 C_v 值，表明该时期径流年内分配状况较不均匀，而 70 年代 C_v 值均小于多年平均 C_v 值，表明 70 年代径流年内分配状况较均匀。随时间的推移，汾河上游径流 C_v 值大致呈现先减小后增大的趋势，说明径流量年内分配状况呈现出由不均匀向均匀再向不均匀的转变。20 世纪 50 年代、60 年代和 90 年代径流年内分配的不均匀程度较高，70 年代和 80 年代的不均匀程度较小，其中以 50 年代径流年内分配的不均匀性为最高，而 70 年代径流年内分配的不均匀性为最小。从空间上看，汾河上游 50 年代径流年内分配的不均匀性自上游向下游逐渐减小；其他各年代 C_v 值未呈现出明显的空间规律性。

2.1.3.2　径流年内分配完全调节系数

径流年内分配完全调节系数 C_t 是年内分配不均匀性的一种计算方法。C_t 越大，月径流量序列间的差异越大，径流年内分配不均匀程度越高，计算式为

$$C_t = \sum_{i=1}^{12} \Psi(t) \left[R(t) - \overline{R} \right] / \sum_{i=1}^{12} R(t)$$

$$\Psi(t) = \begin{cases} 0, R(t) \leqslant \overline{R} \\ 1, R(t) > \overline{R} \end{cases}$$

(2.1)

式中：$R(t)$ 为年内各月径流量；$\overline{R}$ 为年内月平均径流量。

汾河上游 4 站点各年代年内完全调节系数见表 2.3。

表 2.3　　　　　　汾河上游 4 站点各年代年内完全调节系数

年份	上静游站	汾河水库站	寨上站	兰村站
1956—1960	0.35	0.40	0.35	0.30
1961—1970	0.30	0.29	0.33	0.29

年份	上静游站	汾河水库站	寨上站	兰村站
1971—1980	0.28	0.24	0.29	0.27
1981—1990	0.29	0.24	0.25	0.28
1991—2000	0.23	0.28	0.31	0.36
多年平均值	0.28	0.27	0.30	0.29

由表 2.3 可以看出，各水文站的径流年内分配完全调节系数的多年平均值在 0.3 左右，说明各站径流年内分配不均匀且不均匀性基本相当，月径流序列间的不均匀差异相近。总体而言，径流年内分配完全调节系数与年内分配变差系数的变化规律基本相似：从时间变化上看，20 世纪 50—80 年代，年内完全调节系数逐渐减小，年内分配不均匀性逐渐变小；从空间变化上看，60—80年代，汾河水库站由于水库调节的作用，年内完全调节系数小于其他 3 站，年内分配的均匀性优于其他 3 站。

2.1.3.3 径流年内集中度和集中期

集中度和集中期是利用实测的月径流资料反映年径流的集中程度和最大径流量出现的时段。具体的计算方法是将 1 年内各月的径流量作为向量，月径流量的大小为向量的长度，所处的月份为向量的方向。从 1 月到 12 月，每月的方位角分别为 0°，30°，60°，…，330°。从 1 月到 12 月逐个累加各个向量，合成的新向量的大小表示分向量之和的总效应，合成向量的方向表示总效应的方向。当集中度等于 100%，表明该流域全年的径流量集中在某一个月内。当集中度为 0%，说明各月的径流量相等。

集中度和集中期的计算式为

$$\left. \begin{aligned} C_d &= R \Big/ \sum_{t=1}^{12} R(t) \\ D &= \arctan(R_y/R_x) \end{aligned} \right\} \tag{2.2}$$

其中
$$R_x = \sum_{t=1}^{12} R(t) \cos\theta$$

$$R_y = \sum_{t=1}^{12} R(t) \sin\theta$$

$$R = \sqrt{R_x^2 + R_y^2}$$

式中：$R(t)$ 为年内各月径流量。

全年各月包含的角度及月中代表的角度值见表 2.4。

利用 4 个水文站的月径流资料，计算出各个年代的年径流集中程度和集中期。计算结果见表 2.5，其中 C_d 表示集中程度，D 是用月表示的集中期。

表 2.4　　　　　　　　全年各月包含的角度及月中代表的角度值

月份	1	2	3	4	5	6	7	8	9	10	11	12
包含角度/(°)	345～15	15～45	45～75	75～105	105～135	135～165	165～195	195～225	225～255	255～285	285～315	315～345
代表角度/(°)	0	30	60	90	120	150	180	210	240	270	300	330

表 2.5　　　　　　　　汾河上游 4 站点各年代集中程度与集中期

年份	上静游站		汾河水库站		寨上站		兰村站	
	C_d/%	D/月	C_d/%	D/月	C_d/%	D/月	C_d/%	D/月
1956—1960	48	7.68	52	8.11	49	7.78	41	7.93
1961—1970	41	8.25	39	7.98	45	8.00	39	8.12
1971—1980	40	7.78	36	7.63	41	7.75	39	7.73
1981—1990	41	7.33	32	6.99	37	7.35	41	7.48
1991—2000	31	7.47	37	7.71	43	7.87	51	7.98
多年平均值	39	7.76	37	7.73	43	7.80	42	7.89

由表 2.5 可以看出，4 个水文站的径流集中度多年平均值在 40% 左右，集中期在 7—8 月。从时间上看，1956—1980 年，汾河上游集中度总体呈现减小的变化趋势，集中期提前，得出年内分配逐渐趋于均匀；1991—2000 年，汾河水库站、寨上站、兰村站 3 站集中度逐渐增大，集中期延后，可见年内径流分配趋于不均匀。从空间上来看，汾河上游 4 个站点径流集中期与集中度相似，具有一致性；汾河水库站的平均集中度最小，径流年内分配相对均匀。

2.1.3.4　径流年内分配偏态系数 C_s

偏态系数 C_s 反映了径流系列在均值两边的对称程度，在水文统计中主要采用偏态系数作为衡量系列不对称程度的参数。计算式为

$$C_s = \frac{\sum_{i=1}^{n}(x_i - \overline{x})^3}{n\overline{x}^3 C_v^3} = \frac{\sum_{i=1}^{n}(K_i - 1)^3}{nC_v^3} \tag{2.3}$$

对汾河上游 4 个水文站的月平均径流量分年代计算其偏态系数，计算结果见表 2.6。

表 2.6 汾河上游 4 站点各年代径流年内分配偏态系数

年份	上静游站	汾河水库站	寨上站	兰村站
1956—1960	2.39	1.75	1.74	1.74
1961—1970	1.55	1.58	1.51	1.66
1971—1980	1.53	1.17	1.44	1.46
1981—1990	1.91	1.17	1.62	1.86
1991—2000	2.07	1.50	1.70	1.84
多年平均值	1.70	1.51	1.62	1.78

由表 2.6 可以看出，1956—1980 年，汾河上游的偏态系数越来越小，表明年内月径流相对月均值的偏斜程度减小，年内径流分配趋于对称；但1981—2000 年突然增大，偏斜变得严重。空间上，同一时期汾河水库站的偏态系数较小，上静游站和兰村站的偏态系数较大，说明汾河水库站月径流的对称情况较好，而上静游站和兰村站的月径流对称偏斜较大；就偏态系数多年平均值而言，汾河水库站最小，寨上站次之，兰村站最大，可见汾河上游 4 个水文站的径流年内分配对称程度有一定的差别。

2.1.3.5 径流年内分配变化幅度

分析径流年内分配变化幅度的指标采用相对变化幅度，即最大月平均径流量与最小月平均径流量的比值 C_m（即极值比）以及二者与平均径流量之比 $C_{m\max}$ 和 $C_{m\min}$ 值。计算式为

$$\left. \begin{array}{l} C_m = R_{\max}/R_{\min} \\ C_{m\max} = R_{\max}/\overline{R} \\ C_{m\min} = R_{\min}/\overline{R} \end{array} \right\} \tag{2.4}$$

汾河上游 4 站点各年代 C_m、$C_{m\max}$、$C_{m\min}$ 的计算结果见表 2.7～表 2.9。

表 2.7 汾河上游 4 站点各年代极值比 C_m 值

年份	上静游站	汾河水库站	寨上站	兰村站
1956—1960	15.62	19.05	16.60	8.38
1961—1970	10.34	10.02	12.47	7.93
1971—1980	9.77	8.39	10.92	8.14
1981—1990	8.79	7.82	9.35	9.47
1991—2000	6.55	9.08	9.62	10.49
多年平均值	9.18	9.65	11.44	8.73

表 2.8　　　　　　　　　　汾河上游 4 站点各年代 $C_{m\max}$ 值

年份	上静游站	汾河水库站	寨上站	兰村站
1956—1960	3.91	3.56	1.97	2.98
1961—1970	2.88	2.89	3.04	2.89
1971—1980	2.79	2.50	2.85	2.72
1981—1990	3.02	2.44	2.77	2.98
1991—2000	2.77	1.56	2.99	3.41
多年平均值	2.87	2.77	2.99	2.99

表 2.9　　　　　　　　　　汾河上游 4 站点各年代 $C_{m\min}$ 值

年份	上静游站	汾河水库站	寨上站	兰村站
1956—1960	0.25	0.19	0.20	0.36
1961—1970	0.28	0.29	0.24	0.36
1971—1980	0.29	0.30	0.26	0.33
1981—1990	0.34	0.31	0.30	0.32
1991—2000	0.42	0.30	0.31	0.33
多年平均值	0.31	0.29	0.26	0.34

　　由表 2.7~表 2.9 可以看出，最大的 C_m 和 $C_{m\max}$ 多数出现在 20 世纪 50 年代，而最小的 $C_{m\min}$ 也大多出现在 50 年代；寨上站 C_m 和 $C_{m\max}$ 多年平均值最大，$C_{m\min}$ 多年平均值最小。总体而言，汾河上游年内月径流极值比 C_m 多年平均值在 10 左右，$C_{m\max}$ 和 $C_{m\min}$ 多年平均值分别在 3 和 0.3 左右；在整个 45 年内 C_m 和 $C_{m\max}$ 有减小的趋势，$C_{m\min}$ 有增加的趋势，说明汾河上游年内分配的相对变化幅度有减小的趋势。

2.2　径流年际变化特性分析

　　河川径流时间序列的长期演变既有确定性的一面，又有随机性的一面。在确定性规律中包含着随机性，在随机性中包含着确定性规律。分析径流的年际变化特性就是要探究径流长序列的演变过程中在时空上所呈现的规律性。

　　径流年际变化阶段性分析有多种不同的方法均可以反映出年径流的演变规律，常用的方法有径流变化过程线法、径流模比系数差积曲线法、年际极值比和变差系数 C_v 法等来分析径流年际变化特性。

2.2.1　年径流变化曲线

　　年径流在长期的演变过程中会呈现出丰水年、枯水年交替，或者连续的丰水年或枯水年等现象，为了更直观地反映出这些变化，并比较各个水文站年径流变化的差异性和同时期的大小等特性，可以绘出年径流的变化曲线，如图2.4 所示。

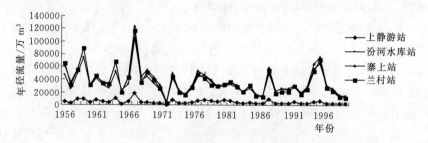

图 2.4 汾河上游 4 个水文站年径流变化曲线

由图 2.4 可以看出，汾河上游 4 个水文站的年径流变化曲线具有较好的同步性和一致性，在时间的分布上有着很高的相似度，呈现出年径流量总体减少的趋势；其中汾河水库站、寨上站和兰村站 3 个水文站的年径流不仅在变化趋势上呈现同步性，而且每一年的径流量都很接近，3 条曲线有很大部分是重合的，说明这 3 个站的年径流在时间的分布上有着很高的相似性；而上静游站虽然在变化趋势上与以上 3 个站有相同的节奏，但在径流量上却少很多，这主要是因为该站位于汾河支流岚河上。由汾河水库站、寨上站和兰村站的年径流变化曲线可以看出，1956—1975 年径流丰枯周期短，波动幅度大，1975 年之后径流丰枯周期拉长，波动幅度较小。1972 年径流量最小，1967 年最大，20 世纪 70 年代之后没有出现过类似于 1967 年的最大值，年径流整体上呈现下降的趋势，这可能与城市建设、人类活动对地表水、地下水的肆意攫取和污染以及全球气候变暖有关。

2.2.2 年径流模比变化曲线

为了更加直观地分析径流年际变化的阶段性，利用累积距平法对汾河上游 4 个水文站的径流量进行分析。首先计算各年径流量距平值，然后按年序累加，求得距平累积序列。根据距平有正有负的特点，若距平累积持续增大，说明该时段内径流量距平持续为正；若距平累积持续不变，说明该时段内径流量距平持续为零，即保持平均；若距平累积持续减小，说明该时段内径流量距平持续为负。由此，可以较为直观而准确地识别径流量年际变化阶段性。

从汾河上游 4 个水文站年径流量距平累积变化过程（图 2.5）可以看出，汾河水库站、寨上站和兰村站径流量距平累积变化过程具有一致性，而上静游站的变化比这 3 个站要平缓得多，但从它细微的起伏可以看出大体上和另外 3

个站具有一致性。根据汾河水库站、寨上站和兰村站的年径流距平累积曲线的起伏形状，将汾河上游 1956—2000 年径流量序列分为如下几个时段：3 个显著的丰水期，即 1957—1959 年、1966—1970 年和 1994—1996 年；4 个显著的枯水期，即 1971—1976 年、1979—1987 年、1988—1993 年和 1997—2000 年；剩下的年份属于动荡期，持续丰水和持续枯水时段都不长，丰枯交替出现。年径流量丰枯相伴相随，年际差异有大有小，总的变化趋势是 1957—1970 年、1994—1996 年径流量波动上升趋于丰水，1967—1994 年、1996 年至今波动下降趋于枯水，其中 1967—1975 年丰枯交替出现；在年际间径流总体呈现波动的前提下，存在一个相对平稳的时段，该时段为 1959—1963 年；年径流量总体上有减少的趋势，特别是 1996 年以后，径流量明显减少，显现枯水年增多的趋势。汾河上游径流量年际之间持续枯水较持续丰水要长，并且出现次数也较丰水多。

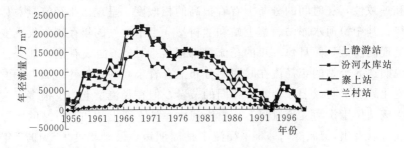

图 2.5 汾河上游 4 站点径流量差积曲线图

依据图 2.5 虽然可以分析出汾河上游年径流量的连续丰枯变化，但只是根据兰村站、寨上站和汾河水库站 3 个站的变化来分析，而上静游站由于年径流量的均值比这 3 个站要小得多，为了避免年径流均值量级的差异，可以用年径流量模比差积曲线来消除均值大小的影响，从而用 4 个站的变化来更全面地分析汾河上游的径流丰枯变化。

径流量模比差积曲线的绘制原理同距平累积曲线是一样的，只是将每年的径流量除以均值，即用模比系数来代替每年的径流量，这样就可以消除均值大小的影响。同样，根据模比系数差值有正有负的特点，当模比系数差值持续增大时，表明该时段内径流量距平持续增加；当模比系数差值持续减小时，表明该时段内径流量距平持续减少。据此，可以较为直观而准确地确定径流量年际变化趋势。

由图 2.6 可以清晰地看出，在消除了均值大小的影响后，上静游站的年径流量变化趋势和另外 3 个站的变化基本上是一致的，4 条曲线呈现出近乎相同的起伏变化。丰枯变化与图 2.5 所示一致。

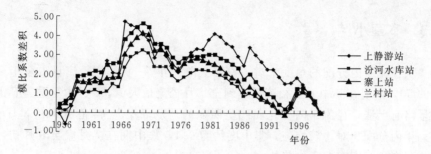

图 2.6 汾河上游 4 个水文站年径流模比系数差积曲线

2.2.3 年际变化特征值

衡量径流年际变化的特征通常采用均值、极值比、变差系数和偏态系数来表示。均值 σ 反映了多年径流的总体水平。极值比 P 表示流域内年径流量两个极端值的倍数关系，反映了径流量的不均匀程度，P 越大表明径流量年际变化越不均匀。变差系数 C_v 直接说明了径流年际变化的起伏程度，C_v 值越大，径流的年际丰枯变化越剧烈；反之则径流的年际变化越平缓，对抗旱防汛和水资源的利用是有利的。偏态系数 C_s 反映了各年的径流量与均值的对称程度，偏态系数越大说明对称性越差，反之对称性越好。

表 2.10 汾河上游 4 站点径流年际变化特征值

项目	上静游站	汾河水库站	寨上站	兰村站
均值 σ/万 m³	4902.82	33856.58	38322.64	35758.91
极值比 P	34.93	19.74	33.09	47.52
变差系数 C_v	0.64	0.54	0.57	0.60
偏态系数 C_s	2.03	1.74	1.62	1.62

由表 2.10 可知，汾河水库站、寨上站和兰村站 3 个水文站的年径流均值大体相近，说明他们的总体水平相当。而上静游站只有他们的 1/7 左右，这与前面利用年径流变化曲线分析的结果是一致的。极值比是兰村站最大，上静游站和寨上站次之，汾河水库站最小，而变差系数是上静游站最大，兰村站和寨上站次之，汾河水库站最小，综合这两个衡量年际变化程度的参数可知，上静游站、寨上站和兰村站的径流年际变化都比较明显，起伏程度大，年际丰枯变化剧烈，而汾河水库站年径流变化相对平缓，这可能和水库本身的调节有关。偏态系数是自上游向下游递减，说明越向下游年径流相对均值的对称性越好。

2.3　本章小结

从径流年内分配的角度来讲，汾河上游每年 7—9 月的径流量占全年径流量的 50％以上，其中 8 月径流量达到全年月径流最大值，3 月由于融雪春汛径流量略有上涨；径流年内变化曲线呈明显的"双峰型"，峰值分别在 3 月和 8 月；年内分配相对比较均匀，集中度约为 0.4，集中期在 7 月底至 8 月初，年内分配变化幅度有减小的趋势。

从径流年际变化的角度来看，汾河上游各水文站的变化规律具有较高的一致性，表现出有 3 个显著的丰水期和 4 个显著的枯水期，年径流量整体呈现减少的趋势；汾河水库站由于水库本身的调节作用，年径流量变化较其他 3 站更加平缓；汾河上游 4 站年径流的对称性越靠近下游越好。

第3章 河川径流时间序列
变化特性分析

在自然条件变化和人类活动的双重影响下，汾河上游地表水资源量不断减少，加之地表水资源时空变化的不均匀性，加剧了流域水资源的紧张情势，造成下游地区地表径流量大幅减少，对中下游地区地下水资源的补给产生了严重的影响。河川径流的变化十分复杂，分析研究河川径流变化的规律性，对区域水资源综合分析、评价、开发利用以及优化配置具有十分重要的意义。

本章基于汾河上游天然径流资料，从正态特性、丰枯特性、平稳特性、趋势特性及长程相关性特性等 5 个方面揭示汾河上游径流变化的规律性，为流域内水资源的合理规划与有效利用以及防灾减灾等工作提供科学的依据。

3.1 径流变化正态特性分析

大多水文诊断方法都要求假定序列呈正态分布，因此对径流时间序列的正态特性进行检验显得十分必要。对时间序列进行正态分布统计检验，常用的方法主要有偏度与峰度检验和 W 检验。

3.1.1 径流序列的 Kolmogorov - Smirnov 正态性检验

3.1.1.1 偏度检验

设 x_1，x_2，$\cdots$，x_n 为一组样本，若其总体 X 服从正态分布，则偏度为 0。如果对一组序列 x_1，x_2，$\cdots$，x_n 进行观察，发现该序列存在一定程度的正偏或负偏，那么在偏度方向对序列正态性产生怀疑，其一般步骤如下。

(1) 依据先验信息，建立实际问题的原假设 H_0（$\beta_s = 0$）和备择假设 H_1（$\beta_s > 0$ 或 $\beta_s < 0$）。

(2) 计算偏度统计量 $\hat{S}$：

$$\hat{S} = \frac{\sqrt{n} \sum\limits_{i=1}^{n} (x_i - \overline{x})^3}{\left[\sum\limits_{i=1}^{n} (x_i - \overline{x})^2 \right]^{\frac{3}{2}}} \tag{3.1}$$

(3) 由给定的检验水平 α 和样本容量 n 查偏度统计量 $\hat{S}$ 的 p 分位表得统计

25

量 $\hat{S}$ 的 $1-\alpha$ 分位数 $\hat{S}(1-\alpha)$ [本书 $\hat{S}(1-\alpha)=0.559$]。

（4）将样本统计量 $\hat{S}$ 与 $\hat{S}(1-\alpha)$ 进行比较，作出判断。

1）当备择假设 H_1：$\beta_s>0$ 时，若 $\hat{S}>\hat{S}(1-\alpha)$，则拒绝原假设 H_0，反之，接受 H_0。

2）当备择假设 H_1：$\beta_s<0$ 时，若 $\hat{S}<-\hat{S}(1-\alpha)$，则拒绝原假设 H_0，反之，接受 H_0。

进行偏度检验时，由于所选择的备择假设的不同，其判断准则也会不同。因而"样本总体在偏度方向上偏离正态，并且有明确的偏度方向"是偏度检验的使用条件。

3.1.1.2　峰度检验

同理设 x_1，x_2，$\cdots$，x_n 为一组样本，若其总体 X 服从正态分布，则峰度为 3。峰度检验的原假设 H_0 为 $\beta_k=3$，其一般步骤如下。

（1）依据先验信息，建立峰度检验的原假设 H_0（$\beta_k=3$）和备选假设 H_1（$\beta_s>3$ 或 $\beta_s<3$）。

（2）计算峰度统计量 $\hat{K}$：

$$\hat{K}=\frac{n\sum_{i=1}^{n}(x_i-\overline{x})^4}{[\sum_{i=1}^{n}(x_i-\overline{x})^2]^2} \tag{3.2}$$

（3）由给定的检验水平 α 和样本容量 n 查偏度统计量 $\hat{K}$ 的 p 分位表得统计量 $\hat{K}$ 的 $1-\alpha$ 分位数 $\hat{K}(1-\alpha)$。

（4）将样本统计量 $\hat{K}$ 与 $\hat{K}(1-\alpha)$ 进行比较，作出判断。

1）当备择假设 H_1：$\beta_k>3$ 时，若 $\hat{K}>\hat{K}(1-\alpha)$，则拒绝原假设 H_0，反之，接受 H_0。

2）当备择假设 H_1：$\beta_k<3$ 时，若 $\hat{K}<\hat{K}(\alpha)$，则拒绝原假设 H_0，反之，接受 H_0。

3.1.2　W 检验对径流正态特性分析

夏皮洛-威尔克（Shapiro - Wilk）检验又称为 W 检验，适用于小样本（$8\leqslant n\leqslant50$）序列的正态性检验。当样本太小（$n\leqslant8$）时，对偏离正态分布的检验有效性较低。检验步骤如下。

（1）将观测值按非降序进行排列：$x_{(1)} \leqslant x_{(2)} \leqslant x_{(3)}$，…，$\leqslant x_{(n)}$。

（2）按公式：

$$W = \frac{\left\{ \sum\limits_{k=1}^{L} \alpha_K(W) \left[x_{(n+1-k)} - x_{(k)} \right] \right\}^2}{\sum\limits_{k=1}^{n} (x_{(k)} - \overline{x})^2} \tag{3.3}$$

计算统计量 W 的值。其中，n 为偶数时，$L = \dfrac{n}{2}$；n 为奇数时，$L = \dfrac{n-1}{2}$。式（3.3）中的 $\alpha_K(W)$ 由《数据的统计处理和解释 正态性检验》（GB/T 4882—2001）根据 n 的值查得。

（3）根据 α 和 n 查《数据的统计处理和解释 正态性检验》（GB/T 4882—2001）得出 W 的 p 分位数 p_α。

（4）判断：若 $W < p_\alpha$，则拒绝 H_0，否则接受 H_0。

当总体为正态分布时，W 值接近 1。在显著性水平 α 下，如果检验统计量 W 小于 α 的分位数，那么拒绝原假设，即拒绝域为 $\{W \leqslant W_\alpha\}$，其中 α 分位数 W_α 可查表得到（本书 α 取 0.05，对应的 $W_{0.05}$ 为 0.945）。

如果 $W > W_\alpha$，那么在显著性水平 α 下未落入拒绝域，则可认为该序列为正态序列；如果 $W \leqslant W_\alpha$，则在显著性水平 α 下落入拒绝域内，则该序列不是正态序列。

3.1.3 汾河上游径流正态特性分析

利用偏度与峰度检验和 W 检验对汾河上游 4 个水文站上静游站、汾河水库站、寨上站和兰村站年径流序列进行正态性检验，检验结果见表 3.1。

表 3.1　　　　　　　　汾河上游 4 个水文站的正态性检验结果

站点	上静游站	汾河水库站	寨上站	兰村站
统计量 W	0.826	0.865	0.881	0.881
偏度	2.025	1.775	1.616	1.615
峰度	6.238	4.903	3.935	3.710

由表 3.1 可以看出，上静游站、汾河水库站、寨上站、兰村站的统计量 W 均小于临界值 $W_{0.05}$，偏度均大于 0 且大于其临界值 0.559，峰度大于其临界值 3，说明汾河上游 4 个水文站的年径流序列具有明显的尖峰厚尾、右偏现象，为非正态序列。

3.2 径流变化丰枯特性分析

径流序列具有明显的多时间尺度特征，而不同时间尺度蕴含着不同的丰枯变化特性与水资源演变规律性，分析河川径流的丰枯变化特性，对区域水资源开发利用以及防灾减灾等工作都具有十分重要的意义。

3.2.1 距平理论分析年径流量的丰枯变化

依据径流丰枯等级划分标准，本书采用距平百分率 P 对径流的丰枯等级进行划分，其计算公式为 $P=[$（某年年径流量－多年平均值）/多年平均值$]\times 100\%$。$P>20\%$，为丰水；$10\%<P\leqslant 20\%$，为偏丰；$-10\%\leqslant P\leqslant 10\%$，为平水；$-20\%\leqslant P<-10\%$，为偏枯；$P<-20\%$，为枯水。依照以上划分标准，通过计算距平百分率 P 得出汾河上游径流量丰枯级别如图 3.1 所示。

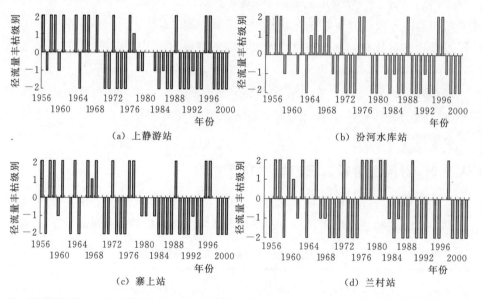

（a）上静游站 　　　　（b）汾河水库站

（c）寨上站 　　　　（d）兰村站

注：图中纵坐标"－2"表示枯水；"－1"表示偏枯；"0"表示平水；"1"表示偏丰；"2"表示丰水。

图 3.1 汾河上游 4 个水文站径流丰枯级别

从图 3.1 可以看到，汾河上游径流丰水年主要出现在 20 世纪 70 年代中期以前，之后枯水年居多；上静游站、汾河水库站、寨上站和兰村站在 45 年间径流共出现的枯水年数分别为 21 年、20 年、18 年和 19 年，偏枯年数分别为 5 年、5 年、7 年和 7 年，平水年数分别为 5 年、6 年、4 年和 5 年，偏丰年数分别为 1 年、1 年、4 年和 1 年，丰水年数分别为 13 年、13 年、12 年和 13

年。在 45 年径流年际变化过程中，丰水时段历时较短，通常只有 1~3 年；而枯水时段历时较长，最长达 4 年。由汾河上游 4 个水文站的丰枯变化情况可以看出该流域易发生枯水事件，这与之前利用模比差积曲线分析结论一致。

汾河上游 4 个水文站年代际丰枯变化情况见表 3.2~表 3.5。

表 3.2　　　　　　　　上静游站各年代的丰枯变化情况

年份	年平均径流量/万 m³	模比系数 K_p	距平/%	丰枯
1956—1960	5868.40	1.20	19.69	偏丰
1961—1970	6416.70	1.31	30.88	丰水
1971—1980	4504.60	0.92	−8.12	平水
1981—1990	4604.80	0.94	−6.08	平水
1991—2000	3602.40	0.73	−26.52	枯水

表 3.3　　　　　　　　汾河水库站各年代的丰枯变化情况

年份	年平均径流量/万 m³	模比系数 K_p	距平/%	丰枯
1956—1960	45265.20	1.34	33.70	丰水
1961—1970	42993.60	1.27	26.99	丰水
1971—1980	29364.20	0.87	−13.27	偏枯
1981—1990	26766.50	0.79	−20.94	枯水
1991—2000	30597.70	0.90	−9.63	平水

表 3.4　　　　　　　　寨上站各年代的丰枯变化情况

年份	年平均径流量/万 m³	模比系数 K_p	距平/%	丰枯
1956—1960	54856.80	1.43	43.14	丰水
1961—1970	51103.60	1.33	33.35	丰水
1971—1980	31867.60	0.83	−16.84	偏枯
1981—1990	28654.90	0.75	−25.23	枯水
1991—2000	33397.40	0.87	−12.85	偏枯

表 3.5　　　　　　　　兰村站各年代的丰枯变化情况

年份	年平均径流量/万 m³	模比系数 K_p	距平/%	丰枯
1956—1960	54334.60	1.52	51.94	丰水
1961—1970	48421.30	1.35	35.37	丰水
1971—1980	28764.30	0.80	−19.61	偏枯
1981—1990	27219.00	0.76	−23.94	枯水
1991—2000	29343.20	0.82	−18.03	偏枯

由表 3.2～表 3.5 可以看出，在 20 世 50 年代末期到 70 年代中期，汾河上游径流量处于偏丰或丰水期，70 年代末期到 90 年代中期转入偏枯或枯水期，90 年代末期水量一直为枯水；4 个水文站各年代的模比系数 K_p 变化幅度也不大，说明各年代径流变动范围较小。

3.2.2　集对分析在年径流量丰枯变化中的应用

3.2.2.1　集对分析原理

距平理论划分年径流简单易行，但不能把年径流处于丰或枯状态的严重程度反映出来。而集对分析法划分年径流丰枯，充分利用了月径流资料，将径流年内分配不均的特点通过集对的"三性"分析以联系度表现出来，结果具体直观，不但考虑了径流量的大小，而且兼顾了径流本身随时程分配的特点。

集对分析（set pair analysis，SPA）的基础就是具有一定联系的两个集合组成的集对。例如，汛期与非汛期，降水与蒸发。集对大多是一种不确定的关系，通常选用同异反 3 个最明显的属性作为分析基础。把组成集对的两个集合就某一研究特性作同一性、差异性、对立性分析，并用关系度描述：

$$\mu_{A\text{-}B} = \frac{S}{N} + \frac{F}{N}i + \frac{P}{N}j \tag{3.4}$$

式中：N 为集对具有的特征总数；S 为同一性特征的数目；F 为差异性特征的数目；P 为对立性特征的数目；S/N、F/N、P/N 为同一度、差异度、对立度；i 为差异性符号或系数，在 $[-1, 1]$ 之间取值；j 为对立性符号或系数，计算中一般取 -1。

令 $a = S/N$，$b = F/N$，$c = P/N$，则式（3.4）变为

$$\mu_{A\text{-}B} = a + bi + cj \tag{3.5}$$

其中 a、b、c 均为非负值且满足 $a+b+c=1$。

3.2.2.2　径流丰枯划分

设年径流过程 $A_k = (a_{k1}, a_{k2}, \cdots, a_{km})$（$k$ 为年数，m 为月数）按照径流一般的划分标准，分成特枯、偏枯、平水、偏丰、特丰 5 类（分别用 Ⅰ、Ⅱ、Ⅲ、Ⅳ、Ⅴ 表示）。将集合 A_k 的各个元素值量化分级，即把月径流首先运用常规方法进行丰枯划分；再将 A_k 的各元素值与各月分类标准值比较（如某元素落入 Ⅱ 类范围，则该元素记为 Ⅱ），即得到符号量化的集合，如 $A_k =$（Ⅲ，Ⅲ，Ⅳ，Ⅰ，$\cdots$，Ⅱ）。

将 A_k（$k=1, 2, 3\cdots$）与某 q 标准下的 B_q（$q=1, 2, 3, 4, 5$）对应的符号进行比较，$B_1 =$（Ⅰ，Ⅰ，Ⅰ，$\cdots$，Ⅰ）表示特枯年；$B_2 =$（Ⅱ，Ⅱ，Ⅱ，$\cdots$，Ⅱ）表示偏枯年；$B_3 =$（Ⅲ，Ⅲ，Ⅲ，$\cdots$，Ⅲ）表示平水年；$B_4 =$（Ⅳ，Ⅳ，Ⅳ，$\cdots$，Ⅳ）表示偏丰年；$B_5 =$（Ⅴ，Ⅴ，Ⅴ，$\cdots$，Ⅴ）表示特丰年。统计

各年内月径流符号与对比标准值符号相同、差异、对立的数目，称不差级的（如Ⅰ和Ⅰ、Ⅱ和Ⅱ等）为同一，记个数记为 S；称相差一级的（如Ⅰ和Ⅱ、Ⅱ和Ⅲ、Ⅲ和Ⅳ、Ⅳ和Ⅴ）为差异一，记个数为 F_1；称相差二级的（如Ⅰ和Ⅲ、Ⅱ和Ⅳ、Ⅲ和Ⅴ）为差异二，记个数为 F_2；称相差三级或三级以上的（如Ⅰ和Ⅳ、Ⅱ和Ⅴ、Ⅰ和Ⅴ）为对立，记个数为 P，则得到联系度的表达式为

$$\mu_{A_k-B_q} = \frac{S}{m} + \frac{F_1}{m}i_1 + \frac{F_2}{m}i_2 + \frac{P}{m}j \tag{3.6}$$

式中：i_1 为差异一的标识符；i_2 为差异二的标识符；j 为对立的标识符。

通过对 i_1、i_2、j 取值得到综合的评价指标值。指标值越大，说明 A_k 属于该类的可能性越大。根据经验取值法，不确定系数取 $i_1=0.5$，$i_2=0.25$，$j=-1$。最后计算比较得出联系度最大值，得出该年径流丰枯的情况。

对汾河上游上静游站、汾河水库站、寨上站、兰村站 4 站 1956—2000 年逐月径流资料，采用均值标准差法将各月径流分成特枯（Ⅰ）、偏枯（Ⅱ）、平水（Ⅲ）、偏丰（Ⅳ）、特丰（Ⅴ）等 5 类，分别对应区间 $[0, \overline{x}-0.9\delta)$、$[\overline{x}-0.9\delta, \overline{x}-0.3\delta)$、$[\overline{x}-0.3\delta, \overline{x}+0.3\delta)$、$[\overline{x}+0.3\delta, \overline{x}+0.9\delta)$、$[\overline{x}+0.9\delta, +\infty)$，其中 $\overline{x}$ 和 δ 为某月平均流量的均值和均方差。

通过计算得出分类标准，把年内月径流过程进行符号量化处理，得到符号量化的集合 $A_k(k=1, 2, \cdots, 45)$，如 $A_{33}=$（Ⅰ，Ⅰ，Ⅰ，Ⅰ，Ⅱ，Ⅲ，Ⅴ，Ⅴ，Ⅲ，Ⅲ，Ⅲ，Ⅲ）表示某站 1988 年逐月径流过程。利用式（3.6）计算联系度。如兰村站 $\mu_{A33-B3}=6.75$ 为最大值，则 1988 年为平水年。

汾河上游 4 站的丰枯分类成果如图 3.2 所示，其中纵坐标代表量化的丰枯状态，量化值从 −2 到 2 分别代表特枯、偏枯、平水、偏丰、特丰 5 种状态，横坐标代表年份，长方形的长度代表该年属于丰枯状态的情况。

从图 3.2 中可以直观看出，集对分析法和距平百分比法对年径流丰枯状态的划分结果有差异，这种差异是因为年径流丰枯不仅取决于本身的大小，还与径流的时程分配密切相关：距平百分比法只考虑年径流的量值，而集对分析法则兼顾了年径流在各月的分配，故集对分析的丰枯分类更为合理。如图 3.2（a）中上静游站 1988 年距平法为特丰年，而集对分析为偏枯年，因为该年79％的径流来自汛期的 7—8 月而其余各月径流贫乏。

另外，1956—1980 年年径流丰枯有相对明显的交替规律，1980 年以后多以偏枯年为主，这种丰-枯交替逐渐不明显。1970 年之前，4 个站点均以丰水期为主。1972—1976 年以枯水期为主。1980 年以后径流偏枯年占绝大多数。总体丰枯变化趋势两种分析方法得出的结果很相似。

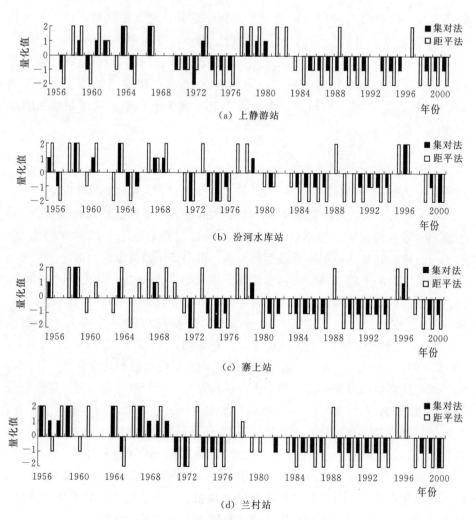

图 3.2　年径流丰枯分类比较

3.2.3　游程理论分析年径流量连续丰枯变化

游程理论可概括为：连续出现相同事件，其前或其后均为不同事件，则年径流资料为离散序列，如果以多年平均径流量 Q_0 为阈值，当 $Q_i > Q_0$ 时，为多水集团；当 $Q_i \leqslant Q_0$ 时，为少水集团。当连续出现 $Q_i > Q_0$（或 $Q_i \leqslant Q_0$）时，则发生连丰（或连枯）情况，连丰年被称为正游程，连枯年被称为负游程。利用游程理论对年径流量的连丰和连枯情况进行分析，得到汾河上游 4 个水文站不同连丰连枯历时出现的次数及平均连丰连枯历时情况，见表 3.6～表 3.9。

表 3.6　　　　　上静游站连丰连枯历时次数及平均连丰连枯历时

正游程			负游程					
不同连丰历时出现的次数		平均连丰历时/a	不同连枯历时出现的次数					平均连枯历时/a
2 年	3 年		2 年	3 年	4 年	5 年	6 年	
4	1	2.20	2	1	1	2	1	3.86

表 3.7　　　　　汾河水库站连丰连枯历时次数及平均连丰连枯历时

正游程			负游程					
不同连丰历时出现的次数			平均连丰历时/a	不同连枯历时出现的次数				平均连枯历时/a
2 年	3 年	4 年		2 年	3 年	4 年	6 年	8 年	
2	1	1	2.75	3	1	1	1	1	3.86

表 3.8　　　　　寨上站连丰连枯历时次数及平均连丰连枯历时

正游程			负游程					
不同连丰历时出现的次数			平均连丰历时/a	不同连枯历时出现的次数				平均连枯历时/a
2 年	3 年	5 年		2 年	3 年	4 年	6 年	8 年	
2	1	1	3.00	2	1	1	2	1	4.43

表 3.9　　　　　兰村站连丰连枯历时次数及平均连丰连枯历时

正游程			负游程					
不同连丰历时出现的次数		平均连丰历时/a	不同连枯历时出现的次数					平均连枯历时/a
2 年	5 年		2 年	3 年	4 年	5 年	6 年	
3	1	2.75	2	2	1	1	1	3.57

　　由表 3.6～表 3.9 可以看出，从连丰、连枯出现的历时和次数看，上静游站、汾河水库站、寨上站和兰村站 4 个水文站连丰的最长历时为 5 年，连丰历时出现的次数分别为 5、4、4 和 4；连枯的最长历时为 8 年，连枯历时出现的次数分别为 7、7、7 和 7，说明该流域易出现少水事件。从游程平均连续年数看，上静游站、汾河水库站、寨上站和兰村站的多水集团游程连续年数分别为 2.20 年、2.75 年、3.00 年和 2.75 年；少水集团游程平均连续年数分别为 3.86 年、3.86 年、4.43 年和 4.57 年，再次说明该流域易发生少水事件，即汾河上游径流量易发生连续枯水情况。

3.3　径流变化平稳特性分析

　　若一个随机过程的均值和方差在时间变化过程中均为常数，并且任何两个时期的协方差值仅依赖于该时期的滞时，而与序列所在的实际时间无关，那么就称该时间序列为平稳序列。平稳时间序列 x_t 具有以下性质。

均值：
$$E(x_t)=\mu \tag{3.7}$$

方差：
$$Var(x_t)=E(x_t-\mu)^2=\sigma^2 \tag{3.8}$$

协方差：
$$Cov(x_t x_{t+k})=\gamma_k \tag{3.9}$$

式中：μ、σ^2 为与时间 t 无关的常数；γ_k 为只与滞时 k 有关，与时间 t 无关的常数。

3.3.1 时序图检验

由平稳时间序列均值、方差为常数的性质可知，平稳时间序列的时序图应该始终保持在一个有界的范围内随机波动，并且这种随机波动无明显趋势及季节性特征。如果所研究序列的时序图表现出明显的趋势或周期性，那么该序列是不平稳时间序列。汾河上游 4 个水文站的时序如图 3.3 所示。

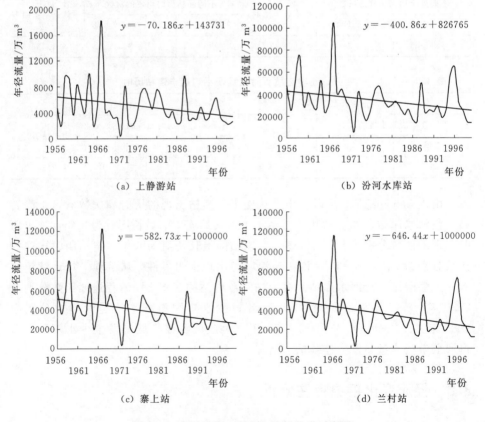

图 3.3　汾河上游 4 个水文站年径流时序图

由图 3.3 可以看出，汾河上游 4 个水文站的年径流在 1967 年前后有一个高峰值，该高峰值比其他年份的年径流要大很多，并且从总体趋势来看，4 个站点均呈现明显的下降趋势，因此可以初步断定该流域的年径流序列为非平稳序列。

3.3.2　自相关图检验

对于一个时间序列而言，其自相关函数（autocorrelation function，ACF）可表示为

$$r_k = \hat{\rho}_k = \frac{\sum\limits_{t=1}^{n-k}(x_{t+k} - \overline{x})(x_t - \overline{x})}{\sum\limits_{t=1}^{n}(x_t - \overline{x})^2} \tag{3.10}$$

理论上，随着位移的增加，所有协方差平稳过程的自相关函数都会以某种方式趋于 0，其准确衰减模式取决于序列本身的性质。如果某一时间序列的自相关函数随滞时的增加迅速下降，则该时间序列为平稳序列；相反，如果时间序列的自相关函数随滞时的增加而缓慢增加，则该时间序列为非稳定序列。

利用自相关分析图法判定序列是否平稳的准则如下：

（1）如果 $k > 3$ 时时间序列的自相关函数均落在置信区间里面，并且随着阶数 k 的增大自相关函数逐渐趋于 0，那么该时间序列是平稳性序列。

（2）如果 $k > 3$ 时时间序列的自相关函数较多地落在置信区间外面，那么该时间序列不是平稳性序列。

利用自相关图法对汾河上游 4 个水文站年径流序列的平稳特性进行识别，结果如图 3.4 所示。

由图 3.4 可以看出，汾河上游 4 个水文站年径流的自相关系数在 $k > 3$ 时均落在置信区间里面，但随着之后阶数的增大其值并没有很快衰减为 0，因此汾河上游 4 个水文站年径流序列为非平稳序列，该结论与时序图检验的结果一致。

3.3.3　自相关函数检验

平稳时间序列的自相关系数会随着滞时的增大而迅速衰减趋于 0，通常用它来描述当前序列和历史序列之间的相关程度。若时间序列的自相关系数随着滞时 k 的增大而迅速衰减趋于 0，那么说明该序列具有较短的持续特性，即该序列为平稳时间序列；相反，如果时间序列的自相关系数随着滞时的增加衰减速度缓慢，那么该时间序列具有较长的持续特性，即该序列为非平稳时间序列。所以利用自相关函数法对时间序列的平稳性进行检验，ρ_k 为滞时为 k 的自

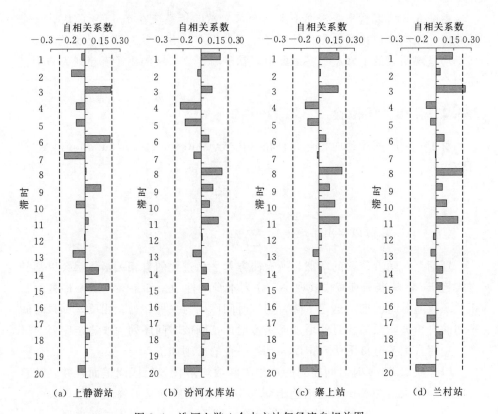

图 3.4   汾河上游 4 个水文站年径流自相关图

相关函数，其定义式为

$$\rho_k = \frac{r_k}{\sigma^2} \qquad (3.11)$$

其中，$\rho_0 = 1$，$-1 \leqslant \rho_k \leqslant 1$。

实际中一个随机过程只有一个样本，此时，只能用样本自相关系数 r_k 来估计总体自相关系数，即

$$r_k = \hat{\rho}_k = \frac{\sum\limits_{t=1}^{n-k}(x_{t+k} - \overline{x})(x_t - \overline{x})}{\sum\limits_{t=1}^{n}(x_t - \overline{x})^2}, k = 1, 2, 3 \cdots \qquad (3.12)$$

检验统计量：

$$Q = n(n+2)\sum_{k=1}^{m}\left(\frac{r_k^2}{n-k}\right) \qquad (3.13)$$

该统计量近似服从自由度为 m 的 χ^2 分布（m 为滞后期长度，一般取 $n/2$ 或 $\sqrt{n}$ 为宜，本书中 m 取 20）。经查 χ^2 分布表可知该检验的临界值 $\chi^2_{0.05}(20)$

为 31.41。利用自相关函数检验法对汾河上游 4 个水文站年径流序列的平稳特性进行检验，结果见表 3.10。

表 3.10   汾河上游 4 个水文站年径流序列的自相关函数检验结果

站点	χ^2
上静游	15.66
汾河水库	12.22
寨上	14.06
兰村	15.21

由表 3.10 可以看出，汾河上游 4 个水文站的 χ^2 值均小于检验临界值 $\chi^2_{0.05}(20)$，所以可以得出结论：4 个水文站的年径流序列均为非平稳序列，该结论与时序图检验、自相关图检验的结果一致。

3.3.4 单位根检验

单位根检验的主要思想是通过检验序列自回归特征方程的特征根是否在单位圆内，来判断时间序列的平稳性。

单位根检验中最常用统计量为 ADF 统计量，对任一 p 阶自回归 AR（p）过程：

$$x_t = \varphi_1 x_{t-1} + \varphi_2 x_{t-2} + \cdots + \varphi_p x_{t-p} + \varepsilon_t \tag{3.14}$$

它的特征方程为

$$\lambda^p - \varphi_1 \lambda^{p-1} - \cdots - \varphi_p = 0 \tag{3.15}$$

如果特征方程的特征根均落在单位圆内，即 $|\lambda_i| < 1$，$i = 1, 2, \cdots, p$，则序列 $\{x_t\}$ 为平稳时间序列。如果至少存在一个特征根不落在单位圆内，则序列 $\{x_t\}$ 为非平稳时间序列，并且自回归系数之和恰好等于 1。即

$$\varphi_1 + \varphi_2 + \cdots + \varphi_p = 1 \tag{3.16}$$

因此，可通过检验自回归系数之和是否不小于 1 来判断时间序列是否平稳。设 $\rho = \varphi_1 + \varphi_2 + \cdots + \varphi_p - 1$，原假设 $H_0 : \rho \geqslant 0$（序列 $\{x_t\}$ 非平稳），ADF 检验统计量：

$$\tau = \frac{\hat{\delta}}{S(\hat{\delta})} \tag{3.17}$$

式中：$S(\hat{\delta})$ 为参数 $\hat{\delta}$ 的标准差；$\hat{\delta}$ 为 ρ 的最小二乘估计。

ADF 检验可用于以下 3 类序列的检验。

模型 1：无趋势项、常数项的 p 阶自回归过程，即

$$x_t = \varphi_1 x_{t-1} + \cdots + \varphi_p x_{t-p} + \varepsilon_t$$

模型 2：无趋势项、有常数项的 p 阶自回归过程，即

$$x_t = \mu + \varphi_{1t-1} + \cdots + \varphi_p x_{t-p} + \varepsilon_t$$

模型 3：既有趋势项又有常数项的 p 阶自回归过程，即

$$x_t = \mu + \beta t + \varphi_1 x_{t-1} + \cdots + \varphi_p x_{t-p} + \varepsilon_t$$

式中：p 为滞时；μ 为常数项；β 为序列随时间变化的某种趋势。

ADF 检验标准：在给定显著性水平（本书为 0.05）下查 τ 的临界表，若 $\tau_\rho < \tau_{0.05}$，则拒绝原假设 H_0，即时间序列 x_t 是平稳的；相反，若 $\tau_\rho > \tau_{0.05}$，则不能拒绝原假设，即认为时间序列为非平稳序列。

由表 3.11 可以看出，汾河上游 4 个水文站的 τ 值均明显大于 5% 的临界值 -1.95，则不能拒绝原假设，即该 4 个水文站的年径流序列均为非平稳序列，该结论与时序图检验、自相关图检验、自相关函数检验的结果一致。

表 3.11　　　　　　　　汾河上游 4 个水文站 ADF 检验结果

站点	滞时	ADF 检验统计量	5%临界值	结论
上静游	2	-1.19	-1.95	非平稳
汾河水库	2	-1.20	-1.95	非平稳
寨上	2	-1.27	-1.95	非平稳
兰村	7	-0.97	-1.95	非平稳

3.3.5　KPSS 检验

1992 年，Kwiatkowski 和 Plillips 等提出了一种非参数检验法——KPSS 检验法，该方法的原假设为：序列是趋势平稳的。其基本思路如下。

考虑一般模型：

$$y_t = \alpha_t + \beta t + e_t, \ e_t \sim (0, \sigma_e^2) \tag{3.18}$$

$$\alpha_t = \alpha_{t-1} + \eta_t, \ \eta_t \sim (0, \sigma_\eta^2) \tag{3.19}$$

若序列是平稳的，则随机项 η_t 均值及其方差均为 0，此时，式（3.18）转化为趋势

平稳模型：

$$y_t = \alpha + \beta t + e_t, \ e_t \sim (0, \sigma_e^2) \tag{3.20}$$

否则，序列存在随机趋势。因此，该检验的原假设 H_0 为 $\sigma_\eta^2 = 0$，备择假设为 $\sigma_\eta^2 > 0$。设 $\hat{e}_t$（$t = 1, 2, \cdots, T$）为式（3.20）的最小二乘估计残差，其部分和序列为 $S_t = \sum\limits_{i=1}^{T} S_t^2 / \sigma_e^2$，构造统计量：

$$L = \sum\limits_{t=1}^{T} S_t^2 / \sigma_e^2 \tag{3.21}$$

其中，方差 σ_e^2 的一致性估计由式（3.22）计算求得：

$$S^2(l) = T^{-1}\sum_{t=1}^{T} e_t^2 + 2T^{-1}\sum_{s=1}^{l} w(s,l)\sum_{t=s+1}^{T} e_t e_{t-s} \tag{3.22}$$

其中，$w(s,l)$ 为对应于不同谱窗的可变权数函数，Kwiatkowski 等选取的是 Bartlett window 函数，此时 $w(s,l)=1-s/(l+1)$。如果扰动项不是独立同分布的，则需要对式（3.21）的分母进行标准化处理，最终检验统计量变为

$$L' = T^{-2}\sum_{t=1}^{T} S_t^2 / S^2(l) \tag{3.23}$$

可通过蒙特卡罗模拟来确定检验统计量的临界值。KPSS 检验法对滞时的选取比较敏感，滞时通常取 $12(T/100)^{1/4}$ 或 $\sqrt{T}$ 的整数值。

运用 KPSS 检验对汾河上游 4 个水文站的年径流序列进行检验，检验结果见表 3.12。

表 3.12　　　　　　汾河上游 4 个水文站年径流 KPSS 检验结果

站点	滞时	L' 检验统计量	5% 临界值
上静游	6	0.847	0.463
汾河水库	6	1.889	0.463
寨上	6	4.358	0.463
兰村	6	9.338	0.463

由表 3.12 可以看出，汾河上游 4 个水文站年径流的 L' 检验统计量均大于临界值（0.463），即该 4 个水文站的年径流序列均为趋势非平稳序列。

3.4　径流变化趋势特性分析

检验水文时间序列趋势变化的方法主要有参数检验法和非参数检验法。由于对水文时间序列的趋势特性进行检验时，非参数检验方法比参数检验方法在非正态分布的数据趋势分析中更有效，并且非参数检验法对数据的分布类型不敏感，所以非参数检验法在趋势分析中得到广泛的应用。在非参数检验法中，Mann - Kendall 秩次相关分析法和 Spearman 法是两种比较常用并且有效的检验方法。为增加趋势检验结果的可靠性，本书同时运用滑动平均法、线性倾向估计法以及非参数检验方法 Spearman 法和 Mann - Kendall 秩次相关分析法对汾河上游径流时间序列的变化趋势进行分析。

已有研究表明，如果研究序列之间存在相关性，将会使显著性趋势检验的概率增加，因此在进行趋势检验之前，有必要对数据进行处理以消除数据间相

关性对趋势检验的影响。当前，用来消除序列间相关性的主要方法有预白化法（PW 法）、方差修正法和趋势自由预白化法（TFPW 法）等。其中，TFPW 法已被证明是用来消除序列趋势最有效的方法。

本书首先借助 TFPW 方法消除序列间的相关性，然后在此基础上对径流序列的趋势特性进行识别。

3.4.1　滑动平均法趋势分析

3.4.1.1　滑动平均法

滑动平均法通过确定时间序列的平滑值来揭示序列的变化趋势，是趋势分析最基本、最直观的方法，它发挥着低通滤波器的作用。时间序列平滑化的主要手段是：通过计算时间序列 x_1，x_2，$\cdots$，x_n 几个前期值和后期值的平均值，得到新的时间序列 y_t，其数学表达式为

$$y_t = \frac{1}{2k+1} \sum_{i=-k}^{k} x_{t+i} \tag{3.24}$$

当 $k=2$ 时为 5 年滑动平均；当 $k=3$ 时为 7 年滑动平均，以此类推。如果时间序列 x_t 包含有趋势成分，那么通过选择恰当的 k 值，生成序列 y_t 就能将原始序列的趋势清晰地呈现出来。滑动平均法因其具有直观、简单的特点，所以在水文趋势分析中被广泛应用。

3.4.1.2　汾河上游滑动平均法径流趋势分析

为研究汾河上游 4 个水文站年径流变化趋势，本书在 TFPW 方法消除序列相关性的基础上采用滑动平均法对该流域径流变化趋势进行识别。

由图 3.5 可以看出，汾河上游 4 个水文站年径流变化均没有呈现出指数变化趋势，其变化情况大致分为 5 个时期：3 个下降期和 2 个上升期。从时间上看，20 世纪 60 年代初期到中期、60 年代中后期到 90 年代初期、90 年代中期到 21 世纪初期为 3 个平缓的下降期；60 年代中期有一个显著的上升过程，该过程持续时间较短暂，只有 3 年左右的时间；90 年代初期又开始出现一个缓慢上升期，该上升期较前一个上升期变化缓慢。汾河水库站、寨上站和兰村站的波动幅度较为一致，且均明显大于上静游站的波动幅度。从整体上看，该流域 4 个水文站年径流在波动中呈下降趋势，这可能与气候变化、水资源开发和下垫面条件改变有关。

由表 3.13 可知，自上游到下游，4 个水文站的年径流 5 年和 10 年滑动平均曲线拟合线斜率的绝对值在不断增大，说明从上游到下游径流减小的趋势越来越显著。5 年和 10 年滑动平均值削弱了高频震荡对序列的影响，汾河上游 4 个水文站的 5 年和 10 年滑动平均值连续曲线具有较为一致的波动情况。

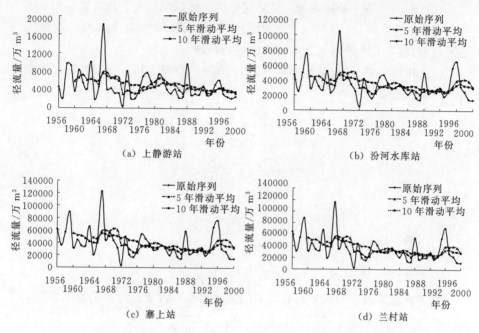

图 3.5　汾河上游 4 个水文站年径流滑动平均法趋势分析

表 3.13　　　　　　　汾河上游 4 个水文站滑动平均法直线拟合结果

站点	滑动平均	坡度	变化趋势
上静游	5 年	−71.66	下降
	10 年	−73.22	下降
汾河水库	5 年	−332.63	下降
	10 年	−427.58	下降
寨上	5 年	−489.07	下降
	10 年	−617.70	下降
兰村	5 年	−553.70	下降
	10 年	−655.42	下降

3.4.2　线性倾向估计法趋势分析

3.4.2.1　线性倾向估计法

样本容量为 n 的时间序列 x_i，其对应的时间为 t_i，建立 x_i 与 t_i 的一元线性回归方程：

$$\hat{x}_i = a + bt_i , i = 1, 2, \cdots, n \qquad (3.25)$$

式（3.25）是一种特殊的、最为简单的线性回归形式，其含义是用一条恰当的直线来表示序列 x 与其时间 t 的线性关系。式（3.25）中 a 是回归常数，b 是回归系数。a 和 b 通常用最小二乘法进行估计。

　　建立样本序列 x_i 与其相应的时间 t_i 的回归方程，其回归常数 a 和回归系数 b 的最小二乘估计为

$$\left.\begin{array}{l} b = \dfrac{\sum\limits_{i=1}^{n} x_i t_i - \dfrac{1}{n} \left(\sum\limits_{i=1}^{n} x_i\right)\left(\sum\limits_{i=1}^{n} t_i\right)}{\sum\limits_{i=1}^{n} t_i^2 - \dfrac{1}{n}\left(\sum\limits_{i=1}^{n} t_i\right)^2} \\ a = \overline{x} - b\overline{t} \end{array}\right\} \tag{3.26}$$

其中
$$\overline{x} = \frac{1}{n}\sum_{i=1}^{n} x_i$$

$$\overline{t} = \frac{1}{n}\sum_{i=1}^{n} t_i$$

　　根据回归系数 b 与相关系数之间的关系，得到时间 t_i 与 x_i 的相关系数：

$$r = \sqrt{\frac{\sum\limits_{i=1}^{n} t_i^2 - \dfrac{1}{n}\left(\sum\limits_{i=1}^{n} t_i\right)^2}{\sum\limits_{i=1}^{n} x_i^2 - \dfrac{1}{n}\left(\sum\limits_{i=1}^{n} x_i\right)^2}} \tag{3.27}$$

　　回归系数 b 代表时间序列 x 的趋势性。若 $b>0$，则 x 具有上升趋势；若 $b<0$，则 x 具有下降趋势。b 值的大小表示序列上升或下降的速率，即上升或下降的倾向程度，通常将 b 称为倾向值。

　　相关系数 r 服从自由度为 $n-2$ 的 t 分布，用来判断变化趋势是否显著。确定检验的显著水平 α，如果 $|r|>r_a$，则表明序列 x 的变化趋势是显著的，否则变化趋势不显著。

3.4.2.2　汾河上游线性倾向估计法径流趋势分析

　　在 TFPW 方法消除序列相关性的基础上利用线性倾向估计法对汾河上游 4 个水文站年径流变化趋势进行识别，结果见表 3.14。

表 3.14　汾河上游 4 个水文站年径流线性倾向估计法趋势分析结果

站点	倾向值 b	相关系数 r	临界值 $r_{0.05}$
上静游	-0.00124	-0.2950	0.2875
汾河水库	-0.00022	-0.2968	0.2875
寨上	-0.00021	-0.3475	0.2875
兰村	-0.00024	-0.3959	0.2875

由表 3.14 可以看出，汾河上游 4 个水文站的倾向值 b 和相关系数 r 均小于 0，并且相关系数绝对值均大于临界值 $r_{0.05}$，表明汾河上游 4 个水文站年径流均呈现出下降趋势，并且这种下降趋势在显著水平 $\alpha = 0.05$ 下是显著的。

3.4.3 Spearman 法趋势分析

Spearman 检验方法是一种非参数检验，适用于单因素小样本的趋势检验，该方法计算简单，精确性较高。

3.4.3.1 Spearman 法

设有一组观测时序 y_1，y_2，…，y_n 和对应的径流量序列 x_1，x_2，…，x_n，首先对径流值从小到大进行排序，其序号为 z_1，z_2，…，z_n，称为径流值在序列中的秩；然后由式（3.28）计算该组数据的秩相关系数 r_n：

$$r_n = 1 - \frac{6 \sum_{i=1}^{n} (z_i - y_i)^2}{n(n^2 - 1)} \tag{3.28}$$

式中：n 为时间序列长度；z_i 为径流值在序列中的秩；y_i 为按时间排列的序号。

若 $r_n > 0$，则时间序列呈上升趋势；若 $r_n < 0$，则时间序列呈下降趋势。将 Spearman 秩相关系数统计表中的临界值 $W_{p0.05}$ 与秩相关系数 r_n 的绝对值加以对比，若果 $|r_n| > W_{p0.05}$，那么序列的变化趋势是显著的；反之变化趋势不显著。

3.4.3.2 汾河上游 Spearman 法径流趋势分析

在 TFPW 方法消除序列相关性的基础上，利用 Spearman 法对汾河上游 4 个水文站年径流变化趋势进行识别，结果见表 3.15。

表 3.15 汾河上游 4 个水文站 Spearman 法趋势分析结果

站点	秩相关系数 r_n	临界值 $W_{p0.05}$	变化趋势
上静游	−0.282	0.294	下降，不显著
汾河水库	−0.350	0.294	显著下降
寨上	−0.444	0.294	显著下降
兰村	−0.474	0.294	显著下降

由表 3.15 可以看出，汾河上游 4 个水文站年径流量的秩相关系数均小于 0，表明 4 个水文站年径流均呈下降趋势，并且汾河水库站、寨上站和兰村站秩相关系数 r_n 的绝对值均大于临界值 $W_{p0.05}$，表明汾河水库站、寨上站和兰村站年径流的下降趋势是显著的，而上静游站的秩相关系数的绝对值小于临界值

$W_{p0.05}$，表明该站年径流的下降趋势不显著。

3.4.4 Mann-Kendall 秩次相关分析法趋势分析

Mann-Kendall 法之所以被广泛应用于时间序列变化趋势特性的检验，因为其不仅可以判断序列趋势性，而且可定量刻画趋势变化的程度，在时间序列趋势分析上具有独特的优势，该方法很少受异常值干扰，也不受数据分布特征的影响，可以对水文、气象等非正态序列的趋势性进行有效分析。

3.4.4.1 Mann-Kendall 检验法

Mann-Kendall 检验法是由 Mann 和 Kendall 提出的一种非参数检验法，其主要内容如下：

（1）假定随机样本（x_1，x_2，…，x_n）独立同分布，计算统计量 S：

$$S = \sum_{k=1}^{n-1} \sum_{j=k+1}^{n} \text{sgn}(x_j - x_k)$$

其中 S 服从均值为 0，方差为 $Var(S) = \dfrac{n(n-1)(2n+5)}{18}$ 的正态分布。

（2）计算标准正态统计量 Z：

$$Z = \begin{cases} \dfrac{S-1}{\sqrt{Var(S)}}, & S > 0 \\ 0, & S = 0 \\ \dfrac{S+1}{\sqrt{Var(S)}}, & S < 0 \end{cases}$$

统计量 $Z>0$ 表示时间序列具有上升趋势；$Z<0$ 表示时间序列具有下降趋势。在给定显著性水平 α 下，若 $|Z| \geqslant Z_{1-\alpha/2}$，则拒绝原假设，即时间序列具有明显的上升或下降趋势。时间序列自身的相关性程度影响着 Mann-Kendall 趋势检验的有效性。为消除序列相关性的影响，早在 Mann-Kendall 趋势检验提出前，Von Storch 和 Navarra 就提出了消除时间序列相关性影响的方法。该方法的具体步骤如下：

1）计算径流序列滞时为 1 的相关系数 ρ_1。

2）若 $\rho_1 < 0.1$，则直接利用 Mann-Kendall 检验法对径流时间序列的趋势性进行检验；否则，要在 Mann-Kendall 检验前对序列进行"预白化处理"，即 $x_2 - \rho_1 x_1$，$x_3 - \rho_1 x_2$，…，$x_n - \rho_1 x_{n-1}$。

3）计算量化单调趋势的统计量倾斜度 β：

$$\beta = \text{median}\left[\frac{x_i - x_j}{i - j} \right], \forall j < i, 1 < j < i < n$$

β 用来估算线性趋势的倾斜度，若 $\beta>0$，则时间序列具有上升趋势；若

$\beta < 0$，则时间序列具有下降趋势。

3.4.4.2　汾河上游 Mann‐Kendall 检验法径流趋势分析

运用 Mann‐Kendall 检验法分析 1956—2000 年汾河上游 4 个水文站年径流量序列的变化趋势，给定显著水平 $\alpha = 0.05$，即 $u_{0.05} = \pm 1.96$。计算汾河上游 4 站点的自相关系数，计算结果见表 3.16。

表 3.16　　　　　汾河上游 4 个水文站年径流自相关系数

站点	自相关系数 ρ_1
上静游	-0.03
汾河水库	0.16
寨上	0.16
兰村	0.14

由表 3.16 可以看出，上静游站的滞时为 1 的相关系数小于 0.1，可以直接用 Mann‐Kendall 法对该站的趋势性进行检验；其余 3 个水文站的自相关系数均大于 0.1，要进行预白化处理。利用 Mann‐Kendall 法对上静游站和预白化处理后的汾河水库站、寨上站和兰村站进行趋势性检验，检验结果见表 3.17。

表 3.17　　　汾河上游 4 个水文站年径流 Mann‐Kendall 检验结果

站点	Z 统计量	倾斜度 β/万 m³	变化趋势
上静游	-1.9054	-49.1688	下降，不显著
汾河水库	-1.9816	-264.26	显著下降
寨上	-2.1139	-392.377	显著下降
兰村	-2.3364	-444.287	显著下降

由表 3.17 可以看出，汾河水库站、寨上站和兰村站的 Z 统计量均小于 0，且其绝对值均大于临界值 1.96，表明该 3 个水文站年径流均有明显的下降趋势，这种下降趋势自上游往下游越来越明显；而上静游站的检验统计量 Z 虽小于 0，但其绝对值小于临界值 1.96，所以该站年径流有下降趋势但这种趋势不明显。由倾斜度 β 均为负，也可以得出汾河上游 4 个水文站年径流存在下降的趋势，进一步证明了结论的可靠性。

3.5　径流变化长程相关性分析

受气候变迁、大气环流、太阳黑子及人类活动等因素的影响，径流变化呈

45

现出非线性和多时间尺度性，已有大量研究表明水文时间序列存在较强的长程相关特性。基于分形理论的重标度极差分析（rescaled range analysis，R/S）法能够较好地揭示径流时间序列内在的规律性，是判断时间序列是否具有长程相关性和分形特性的一种简单而有效的统计分析方法，运用 R/S 法对时间序列特性进行分析，其最大优点在于该方法的稳定性不受时间序列分布特征的影响，能够大大地简化对系统的长程相关特性的分析。然而 R/S 法容易产生对非平稳时间序列相关性和短期记忆性误判，为弥补 R/S 法的这一缺陷，一种新的标度指数计算方法——非趋势波动分析（detrended fluctuation analysis，DFA）法应运而生，该方法的优势在于它能够系统化地滤去时间序列的趋势成分，来对由多项式叠加而成的并且含有噪声的趋势信号的长程相关性进行检测，对非平稳时间序列长程相关性的分析更加有效。

3.5.1　重标度极差分析法

R/S 法是判断时间序列是否具有标度不变性和自相似性的一种简单而有效的统计分析方法，其基本内容如下：

（1）把一个长度为 N 的时间序列 X（t）分成 A 个长度为 n 的等长子区间，将子序列记为 M_a，其中 $a=1$，2，$\cdots$，A。M_a 中每个元素记为 $N_{l,a}$，l $=1$，2，$\cdots$，n。对于每一个子区间，设 $X_{m,a}=\sum\limits_{l=1}^{m}(N_{l,a}-\overline{N}_a)$，$1\leqslant m\leqslant n$，其中 $\overline{N}_a$ 为第 a 个区间 X_t 的平均值，$N_{l,a}$ 为第 a 个区间的累计离差。

（2）计算极差：$R_{Ma}=\max(X_{m,a})-\min(X_{m,a})$。

（3）计算标准差：$S_{Ma}=\sqrt{\sum\limits_{t=1}^{n}(X_t-\overline{x}_n)^2/n}$。

（4）计算重标极差：$(R/S)_n=\dfrac{1}{A}\sum\limits_{a=1}^{A}(R_{Ma}/S_{Ma})$。

（5）重复以上过程，直到 $n=[N/2]$，求得多个平均重标度极差值，绘制 $\log(R/S)_n-\log(n)$ 图，并通过最小二乘法回归得到 $\log(R/S)_n-\log(n)$ 图的斜率，该斜率即为 Hurst（H）指数。

另一个重要参数——分形维 D，它是描述时间序列参差不齐程度的参数，其与 H 指数的关系为

$$D=2-H \tag{3.29}$$

相关系数 C 是用来描述现在对未来影响程度的指标，其表达式为

$$C=2(2H-1)-1 \tag{3.30}$$

R/S 参数描述时间序列的特性为：①若 $H=0.5$，$D=1.5$，$C=0$，表明时间序列之间相互独立，即现在不会对未来产生影响，时间序列相应的变化是

完全随机的。②若 $0 \leqslant H \leqslant 0.5$，$D > 1.5$，$-0.5 \leqslant C \leqslant 0$，表明时间序列之间存在负相关性，或称为反持续性，即过去的增加（减少）趋势预示着未来会呈现相反的趋势。由于时间序列变化情况出现频繁的逆转，所以反持续性的时间序列波动性比随机噪声更加剧烈。③若 $H > 0.5$，$D < 1.5$，$0 \leqslant C \leqslant 1$，表明时间序列为持续性序列，其波动比较平缓，时间序列之间不相互独立，存在正相关性，即过去的增加（减少）趋势意味着未来会呈现相同的变化趋势，H 与 1 越接近，这种持续相关性就会越强。

V_n 统计法可以精确地判断平均周期的长度，其表达式为

$$V_n = (R/S)_n / \sqrt{n} \tag{3.31}$$

绘制 $V_n - \log(n)$ 图，观察 V_n 统计图的断点，该断点即为平均周期长度。

Hurst 指数的有效性：对 Hurst 指数的有效性进行检验最简便的方法就是将序列随机打乱，重新计算打乱顺序后新数列的 Hurst 指数，若其保持不变，则说明原序列为独立序列，其数据之间不存在长程相关性；相反若 Hurst 指数有很大差别，则说明原序列之间具有长程相关性。

3.5.2 非趋势波动分析方法

DFA 分析法是通过计算时间序列的参数标度指数 a 来揭示时间序列变化的规律性，根据 a 的值来判断时间序列是否具有长程相关性（亦可称为幂律关系）的一种有效方法。其原理表述如下。

（1）对于时间序列 $\{x_i\}$，$i = 1, 2, \cdots, N$，其中 N 是序列的长度，对原始序列中的数进行积分：$y(k) = \sum_{i=1}^{k}(x_i - \overline{x})$，$k = 1, 2, \cdots, N$，其中 $\overline{x}$ 为原始序列的均值。

（2）将序列 $y(k)$ 等间距分成长度为 h 的不重叠数据段。利用最小二乘法对每小段进行直线拟合，得到最小平方直线，作为这一段数据的局部趋势。所有最小平方直线组合成趋势信号 $y_h(k)$。然后对给定的 h 用积分信号减去趋势信号得

$$F(h) = \sqrt{\frac{1}{N} \sum_{k=1}^{N} \left[y(k) - y_h(k) \right]^2}$$

（3）取不同尺度 h，重复上述两步，得到不同尺度下的 $F(h)$。通常，$F(h)$ 随 h 的增大而增大。在双对数坐标下作出 $\lg h - \lg F(h)$ 曲线，若满足线性关系，则存在幂律关系 $F(h) \propto h$。此时进行直线拟合，得到斜率 a 自相似参数，即 DFA 指数。

标度指数 a 可以刻画时间序列的长程相关性：当 $a = 0.5$ 时，说明序列之间是相互独立的，即不存在相关性，序列为白噪声；当 $0 < a < 0.5$ 时，说

明序列表现为短程相关，即过去时间序列是上升（或下降）趋势，则未来序列总体会呈现相反的趋势；当 $0.5 < a < 1.0$ 时，说明序列表现为状态持续的长程相关性，即过去时间序列上升（或下降）趋势预示着未来时间序列也会呈现相同的趋势；当 $a = 1.0$ 时，说明序列为 $1/f$ 噪声；当 $1.0 < a < 1.5$ 时，序列的相关性存在，但已经不是幂律关系；当 $a \geqslant 1.5$ 时，序列为随机漫步或布朗噪声。

类似地，首先根据 DFA 分析理论求得标度指数 a，然后利用分形维 D 与标度指数 a 的关系来计算分维数，其关系为

$$D = 2 - a \tag{3.32}$$

3.5.3　汾河上游径流变化分形特性分析

3.5.3.1　R/S 法对年径流序列的分析

1. 长程相关性分析

对汾河上游上静游站、汾河水库站、寨上站和兰村站 1956—2000 年年径流资料进行 R/S 分析，分析结果见表 3.18。

表 3.18　　　　　　　　汾河上游 4 个水文站 R/S 法分析参数

站点	Hurst 指数	R^2	分形维 D	相关系数 C	V_n
上静游	0.74	0.97	1.26	0.40	0.50
汾河水库	0.69	0.96	1.31	0.31	0.39
寨上	0.68	0.94	1.32	0.27	0.34
兰村	0.69	0.96	1.31	0.3	0.37

由表 3.18 可以看出，汾河上游 4 个水文站上静游站、汾河水库站、寨上站和兰村站的 R/S 拟合曲线的拟合度 R^2 均较高，说明拟合效果很好。4 个水文站的 Hurst 指数分别为 0.74、0.69、0.68 和 0.69，均明显大于随机游走的临界值 0.5，说明该流域存在明显的持续性和分形结构，并且是正相关的，即未来的总体发展趋势与过去相同。结合 4 站点年径流量呈逐渐减少趋势的结论，可以判断汾河上游径流量在未来某段时间可能仍保持减少趋势。上静游站、汾河水库站、寨上站和兰村站的 V_n 分别为 0.50、0.39、0.34、0.37，均大于 0，表现出向上倾斜的趋势，说明汾河上游 4 站点均呈现出正持续性，这与利用 Hurst 指数分析的结果一致。汾河上游 4 站点的分形维数分别为 1.26、1.31、1.32 和 1.31，其分形维数很接近，均在 1.30 左右，说明汾河上游 4 个水文站之间具有自相似性，其径流演变来自于同一驱动力系统。

2. 非周期循环分析

由式（3.31）计算汾河上游 4 个水文站的 V_n 统计量，作 V_n - log（n）图，考察 V_n 统计量的最高点，即得到可能的非周期性循环点，再针对可能的非周期性循环点运用 R/S 法进行分段回归作出最后判断。

由图 3.6 可以看出，上静游站、汾河水库站、寨上站和兰村站年径流 V_n 统计量均在 log（n）为 1（10 年）处出现局部最大值点（突变点），在该点之后 V_n 统计量有明显的下降趋势，也就是说在这之后序列失去了对初始条件的记忆，说明该点可能为 4 个水文站的非周期性循环点。由图 3.7 可以看出，上静游站、汾河水库站、寨上站和兰村站月径流 V_n 统计量均在 log（n）为 [2.05，2.08]（即 n 为 [113，123]）处出现循环断点，而 113/12 ＝9.4，123/12＝10.3，说明汾河上游 4 站点均具有 10 年的非周期循环长度。

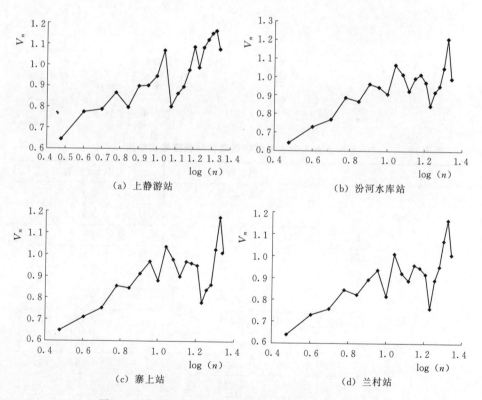

图 3.6 汾河上游 4 个水文站年径流的 V_n 统计量分析图

为对汾河上游 4 站点的非周期循环点进行检验，本书采用分段回归的方法计算非周期循环点前后的 Hurst 指数，计算结果见表 3.19。

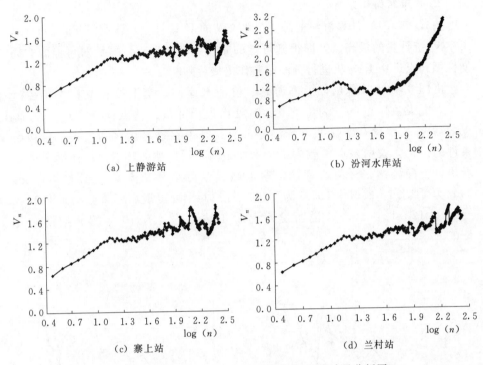

图 3.7 汾河上游 4 个水文站月径流的 V_n 统计量分析图

表 3.19 汾河上游 4 个水文站非周期循环长度检验结果

站点	时间段	Hurst 指数
上静游	$3 \leqslant n \leqslant 22$	0.97
	$3 \leqslant n \leqslant 10$	0.98
	$10 < n \leqslant 22$	0.84
汾河水库	$3 \leqslant n \leqslant 22$	0.96
	$3 \leqslant n \leqslant 10$	0.98
	$10 < n \leqslant 22$	0.65
寨上	$3 \leqslant n \leqslant 22$	0.94
	$3 \leqslant n \leqslant 10$	0.98
	$10 < n \leqslant 22$	0.55
兰村	$3 \leqslant n \leqslant 22$	0.96
	$3 \leqslant n \leqslant 10$	0.97
	$10 < n \leqslant 22$	0.67

由表 3.19 可以看出，上静游站、汾河水库站、寨上站和兰村站在 $n = 10$

前后的 Hurst 指数，有较大差距，说明 10 年为该 4 个水文站点的非周期循环长度。

3. Hurst 指数有效性检验

取汾河上游 4 个水文站的年径流序列，将其随机打乱，计算打乱后序列的 Hurst 指数，将原始序列与打乱后序列的计算结果进行对比，结果见表 3.20。

表 3.20　　　　汾河上游 4 个水文站 Hurst 指数有效性检验结果

站点	序列	Hurst 指数	R^2
上静游	原始序列	0.74	0.97
	随机组合序列	0.62	0.97
汾河水库	原始序列	0.69	0.96
	随机组合序列	0.56	0.89
寨上	原始序列	0.68	0.94
	随机组合序列	0.56	0.91
兰村	原始序列	0.69	0.96
	随机组合序列	0.50	0.91

由表 3.20 可以明显地看出，打乱顺序后序列的 Hurst 指数相比原始序列有明显的减小，这种变化证明原始序列不是独立序列，数据间的次序至关重要，数据被打乱后，系统的结构性就遭到了破坏，这进一步说明数据之间是存在一定关联性的。

3.5.3.2　DFA 法对年径流序列的分析

对汾河上游上静游站、汾河水库站、寨上站和兰村站 1956—2000 年年径流资料进行 DFA 分析，分析结果见表 3.21。

表 3.21　　　　　　汾河上游 4 个水文站 DFA 参数

站点	标度指数 a	R^2	分形维 D
上静游	0.599	0.93	1.401
汾河水库	0.717	0.95	1.283
寨上	0.791	0.94	1.209
兰村	0.825	0.93	1.175

由表 3.21 可知，上静游站、汾河水库站、寨上站和兰村站的 DFA 拟合曲线的拟合度 R^2 较高，说明拟合效果良好。上静游站、汾河水库站、寨上站和兰村站的 DFA 标度指数分别为 0.599、0.717、0.791、0.825，均明显大于 0.5，说明该 4 个水文站的年径流序列均存在明显的正相关性，即未来的总体

51

趋势与过去相同。由 3.4 节中结论可知，汾河上游 4 站点年径流量呈逐渐减少的趋势。因此，根据 DFA 标度指数可以判断汾河上游年径流量在未来一段时间可能将继续保持减少态势发展。汾河上游 4 站点的分形维数分别为 1.401、1.283、1.209 和 1.175，其分形维数较接近，表明汾河上游 4 个水文站之间具有自相似性，其径流演变来自同一驱动力系统，这与之前利用 R/S 法分析的结果一致。

3.6　本章小结

汾河上游 4 个水文站的年径流序列具有明显的尖峰厚尾、右偏特性，为非正态序列。

在 45 年径流年际变化过程中，丰水时段历时较短，通常只有 1~3 年；而枯水时段历时较长，最长达 4 年，汾河上游易发生枯水事件。

20 世纪 50 年代末期到 70 年代中期，汾河上游径流处于偏丰或丰水期，70 年代末期到 90 年代中期转入偏枯或枯水期，90 年代末期水量一直为枯水；汾河上游 4 个水文站各年代的模比系数 Kp 变化幅度也不大，即径流各年代变动范围较小。

时序图检验、自相关图检验、自相关函数检验、ADF 检验和 KPSS 检验，同时相互印证地说明汾河上游 4 个水文站年径流序列均为非平稳时间序列。

汾河上游 4 个水文站年径流变化均没有呈现出指数变化趋势，其变化情况大致分为 5 个时期：3 个下降期和 2 个上升期，其中 20 世纪 60 年代初期到中期、60 年代中后期到 90 年代初期、90 年代中期到 21 世纪初期为 3 个平缓的下降期；60 年代中期有一个显著的上升过程，该过程持续时间较短暂，只有 3 年左右的时间；90 年代初期开始又出现一个缓慢上升期，该上升期较前一个上升期变化缓慢。由上游到下游，汾河上游 4 个水文站径流减小的趋势逐渐变大。汾河水库站、寨上站和兰村站 3 个水文站均有明显的下降趋势，这种下降趋势自上游往下游越来越明显；而上静游站有下降趋势但这种趋势不明显。

汾河上游 4 个水文站径流序列存在明显的持续性和分形结构，并且是正相关的，即未来的总趋势与过去相同。结合 4 站点年径流量呈逐渐减少的趋势，可以判断汾河上游径流量在未来某段时间可能仍保持减少趋势，并且 4 个水文站之间具有自相似性，其径流演变来自于同一驱动力系统。年、月径流序列分析结果同时说明汾河上游 4 个水文站均具有 10 年的非周期循环长度。经随机打乱序列处理后，Hurst 指数通过了有效性检验。

第4章　河川径流时间序列突变分析

4.1　引言

径流量是水库科学管理、优化调度最重要的依据，它的形成受到自然和人为的多种因素干扰，可能会存在影响原有变化趋势的显著性变化点，即突变点。突变点前后的时间序列特征存在显著差异。因此，突变问题的研究成为在时间序列研究中的一个重要研究方向，它是在序列模型拟合之前需要事先解决的问题。不仅可以加深对过去径流变化本身的认识和理解，而且对深入探讨径流变化发生的机制，进而更为准确地预测未来的变化趋势具有十分重要的意义。目前，对径流突变的检测方法有低通滤波检测法、滑动 t 检验、Cramer 法、Yamamoto 法、Mann - Kendall 法等方法。

任一低通滤波后的输出，都是对原序列函数进行了平滑处理，得到的是序列的演变趋势。如何从图中判断哪点为突变点，既没有数学基础也没有严谨的物理根据，完全依赖于人的主观性和试验。滑动 t 检验、Cramer 法、Yamamoto 法等子序列时段的选择有人为性，需反复变动子序列长度来提高计算结果的可靠性。Mann - Kendall 法优点在于不仅可以明确指出突变点，还可指出突变区域。魏凤英采用 Lepage 法对降水和气压场等气象要素时间序列进行了突变分析，结果表明该方法与上述其他检测方法相比，是一种有效的检测法，但 Lepage 法与上述其他方法相比，还未广泛地应用到径流突变分析研究中。

滑动 t 检验是通过考察两组样本平均值的差异是否显著来检验突变的，基本原理是把水文序列中两段子序列均值有无显著差异看作来自两个总体均值有无显著差异的问题来检验。Cramer 法的原理与滑动 t 检验相似，区别仅在于它是用比较一个子序列与总序列的显著差异来检验突变。Yamamoto 法将信噪比用于确定水文序列的突变。Mann - Kendall 法和 Pettitt 法是一种非参数统计检验方法，其优点是不需要样本遵从一定的分布，也不受少数异常值的干扰。Lepage 法是一种无分布双样本的非参数检验方法。BG（Bernaola - Galvan）算法主要思想是，将非平稳时间序列的突变问题视为一个分割问题，即将非平稳时间序列看作由多个具有不同平均值的子序列构成，此方法的目的就是要找出各子序列之间最大差值的平均值的位置。本书针对月径流序列中周期成分对突变分析结果的影响，基于 BG 算法提出了以下两种改进的思路。

(1) 把月径流量的多年平均值作为其季节性周期成分，在采用 BG 算法分析突变前，把每年的月径流量减去月径流量的多年平均值。最后再对处理后的数据采用 BG 算法检验突变点。这种思路需要考虑的问题是月径流量的多年平均值作为季节性周期成分的合理性，该方法记为 A - BG。

(2) 采用 Hilbert - Huang 变换（HHT）将月径流序列进行分解，利用 HHT 找出时间序列的周期性成分，然后将剔除周期性成分的时间序列再采用 BG 算法进行分解，该方法需要关注的问题是 HHT 分解出的周期性成分的选择，记为 HHT - BG。

本章采用有序聚类法、滑动 t 检验、Yamamoto 法、Mann - Kendall 法、Cramer 法、Pettitt 法、Lepage 法和 BG 算法等方法，分析漳泽水库径流时空变化特征和突变时间，为揭示径流的变化特征作一些理论探讨，其结果可为漳泽水库水资源优化配置提供科学依据。

4.2 突变分析的方法原理

4.2.1 有序聚类法

以有序聚类来推求最可能的干扰点 τ_0，其实质是求最优分割点，使同类之间的离差平方和较小。对序列 x_t $(t=1, 2, \cdots, n)$，设可能分割点为 τ，则分割点前后离差平方和表示为

$$\left. \begin{array}{l} V_\tau = \sum_{t=1}^{\tau} (x_t - \overline{x}_\tau)^2 \\ V_{n-\tau} = \sum_{t=\tau+1}^{n} (x_t - \overline{x}_{n-\tau})^2 \end{array} \right\} \tag{4.1}$$

其中

$$\overline{x}_\tau = \frac{1}{\tau} \sum_{t=1}^{\tau} x_t$$

$$\overline{x}_{n-\tau} = \frac{1}{n-\tau} \sum_{t=\tau+1}^{n} x_t$$

总离差平方和为

$$S_n(\tau) = V_\tau + V_{n-\tau} \tag{4.2}$$

最优二分割为

$$S_n^* = \min_{-1 \leqslant \tau \leqslant 1} \{S_n(\tau)\} \tag{4.3}$$

满足上述条件的 τ 记为 τ_0，作为最可能的分割点。最终确定是否为分割

点，需进一步对分割样本进行检验，常用方法有秩和检验和游程检验。

（1）秩和检验法。设分割点 τ_0 前后，两序列总体的分布函数为 $F_1(x)$ 和 $F_2(x)$，从总体中分别抽取容量各为 n_1 和 n_2 样本，要求检验原假设：$F_1(x)=F_2(x)$。

把两个样本数据依大小次序排列并统一编号，规定每个数据在排列中所对应的序数称为该数值的秩。记容量小的样本各数值的秩和为 W，将 W 作为统计量来进行检验。当 $n_1>10$、$n_2>10$ 时，统计量 W 近似于正态分布 $N\left(\dfrac{n_1(n_1+n_2+1)}{2}, \dfrac{n_1n_2(n_1+n_2+1)}{12}\right)$，因此可采用 U 检验法，其统计量为

$$U=\frac{W-\dfrac{n_1(n_1+n_2+1)}{2}}{\sqrt{\dfrac{n_1n_2(n_1+n_2+1)}{12}}} \tag{4.4}$$

（2）游程检验法。若 n_1、n_2 分别来自两个总体，则原假设为：两个总体具有同分布函数。在证明原假设时，$n_1>20$、$n_2>20$，游程总个数 K 迅速趋于正态分布 $N\left(1+\dfrac{2n_1n_2}{n}, \dfrac{2n_1n_2(2n_1n_2-n)}{n^2(n-1)}\right)$，采用 U 检验法时的统计量为

$$U=\frac{K-\left(1+\dfrac{2n_1n_2}{n}\right)}{\sqrt{\dfrac{2n_1n_2(2n_1n_2-n)}{n^2(n-1)}}} \tag{4.5}$$

以上统计量均服从标准正态分布，其中 $n=n_1+n_2$。选择显著水平 α，查正态分布得临界值 $U_{\alpha/2}$。当 $|U|<U_{\alpha/2}$ 时，接受原假设，表示突变不显著；反之，突变显著。

4.2.2 滑动 t 检验

滑动 t 检验是通过考察两组样本平均值的差异是否显著来检验突变。其基本思想是把水文序列中两段子序列均值有无显著差异看作来自两个总体均值有无显著差异的问题来检验。如果两段子序列的均值差异超过了一定的显著水平，可以认为均值发生了质变，有突变发生。

设置分界点，分成前后两段子序列 x_1 和 x_2，定义统计量为

$$t=\frac{\overline{x_1}-\overline{x_2}}{s\sqrt{\dfrac{1}{n_1}+\dfrac{1}{n_2}}} \tag{4.6}$$

其中

$$s=\sqrt{\frac{n_1s_1^2+n_2s_2^2}{n_1+n_2-2}} \tag{4.7}$$

式中：$\overline{x}_1$、$\overline{x}_2$ 分别为样本 x_1 和 x_2 的均值；n_1、n_2 分别为样本 x_1 和 x_2 的样本量；s_1^2、s_2^2 分别为样本 x_1 和 x_2 的方差。

式（4.6）遵从自由度 $\nu = n_1 + n_2 - 2$ 的 t 分布。

这一方法的缺点是子序列时间段的选择带有人为性。为避免任意选择子序列长度造成突变点漂移，具体使用这一方法时，可以反复变动子序列长度进行试验比较，以提高计算结果的可靠性。

4.2.3 Cramer 法

Cramer 法的原理与 t 检验类似，区别仅在于它是用比较一个子序列与总序列的平均值的显著差异来检测突变。

定义统计量为

$$t = \sqrt{\frac{n_1(n-2)}{n - n_1(1+\tau)}}\,\tau \tag{4.8}$$

其中

$$\tau = \frac{\overline{x}_1 - \overline{x}}{s} \tag{4.9}$$

式中：$\overline{x}$、$\overline{x}_1$ 分别为总序列 x 和子序列 x_1 的均值；n、n_1 分别为 x 和 x_1 的样本量；s 为 x 的方差。

式（4.8）遵从自由度 $n-2$ 的 t 分布。

由于这一方法也要人为确定子序列长度，因此在具体使用时，应采用反复变动子序列长度的方法来提高计算结果的可靠性。

4.2.4 Yamamoto 法

Yamamoto 法原理是在滑动 t 检验基础上，定义信噪比为

$$R_{SN} = \frac{|\overline{x}_1| - |\overline{x}_2|}{s_1 + s_2} \tag{4.10}$$

式中：$\overline{x}_1$、$\overline{x}_2$ 分别为子序列 x_1 和 x_2 的均值；s_1、s_2 分别为子序列 x_1 和 x_2 的标准差。

在 t 检验中，令 $n_1 = n_2 = I_H$。

$$t = \frac{\overline{x}_1 - \overline{x}_2}{s\sqrt{\dfrac{1}{n_1} + \dfrac{1}{n_2}}} \tag{4.11}$$

若 $|t| > t_\alpha$，则表明在 α 显著水平下，子序列 x_1 和 x_2 的均值存在显著性差异，分界点即为突变点。

4.2.5 Mann-Kendall 法

Mann-Kendall 法的计算步骤如下。

构造一秩序列：

$$s_k = \sum_{i=1}^{k} r_i, k = 2, 3, \cdots, n \tag{4.12}$$

其中

$$r_i = \begin{cases} +1, & x_i > x_j \\ 0, & x_i \leqslant x_j \end{cases}, j = 1, 2, \cdots, i$$

定义统计量：

$$UF_k = \frac{[s_k - E(s_k)]}{\sqrt{Var(s_k)}}, k = 1, 2, 3, \cdots, n \tag{4.13}$$

式中 $UF_1 = 0$，$E(s_k)$、$Var(s_k)$ 是累计数 s_k 的均值和方差，在 x_1，x_2，$\cdots$，x_n 相互独立且有相同连续分布时，计算：

$$\begin{cases} E(s_k) = \dfrac{k(k-1)}{4} \\ Var(s_k) = \dfrac{k(k-1)(2k+5)}{72} \end{cases}, k = 2, 3, \cdots, n \tag{4.14}$$

按照 x_1，x_2，$\cdots$，x_n 顺序计算出统计序列 UF_i，在显著性水平 α 下，对比正态检验表，若 $|UF_i| > U_\alpha$，则表明序列在 x_i 处存在显著的变化，为一突变点。

按时间序列 x 逆序 x_n，x_{n-1}，$\cdots$，x_1，再重复上述过程。同时，使 $UB_k = -UF_k$（$k = n$，$n-1$，$\cdots$，1），$UB_1 = 0$。绘出 UB_k 和 UF_k 曲线图。若 UB_k 或 UF_k 的值大于 0，则为上升趋势，当小于 0 时为下降趋势。当它们超过临界直线时，表明上升或下降趋势显著。如果 UB_k 和 UF_k 两条曲线在两临界线间有交点，那么交点对应的时刻便是突变开始的时间。

4.2.6 Pettitt 法

Pettitt 法是一种与 Mann – Kendall 法相似的非参数检验方法，其原理如下。

构造一秩序列：

$$S_k = \sum_{i=1}^{k} r_i, k = 2, 3, \cdots, n \tag{4.15}$$

其中

$$r_i = \begin{cases} +1, & x_i > x_j \\ 0, & x_i = x_j \\ -1, & x_i < x_j \end{cases}, j = 1, 2, 3, \cdots, n \tag{4.16}$$

若 t_0 时刻满足

$$k_{t_0} = \max |s_k|, k = 2, 3, \cdots, n \tag{4.17}$$

则 t_0 点为突变点。计算统计量：

$$P = 2\exp\left[-6k_{t_0}^2 / (n^3 + n^2)\right] \tag{4.18}$$

若 $P \leqslant 0.5$，则认为该点即为序列的突变点。

4.2.7　Lepage 法

Lepage 法是一种双样本的非参数检验方法，其统计量由标准的 Wilcoxon 检验和 Ansarity-Bradley 检验之和构成。原来是用于检验两个独立总体有无显著性差异的非参数统计检验方法。用它检验序列的突变，其基本思想是视序列中的两个子序列为两个独立总体，经过统计检验，如果两子序列有显著差异，则认为在划分子序列的基准点时刻出现了突变。

假设基准点之前的子序列样本量为 n_1，之后的子序列样本量为 n_2，$n_{12} = n_1 + n_2$。在 n_{12} 范围内计算秩序列 U_i，当极小值出现在基准点之前时，$U_i = 1$；反之，$U_i = 0$。

构造一秩统计量：

$$W = \sum_{i=1}^{n_{12}} iU_i \tag{4.19}$$

统计量 W 的特征值：

$$\left. \begin{aligned} E(W) &= \frac{1}{2} n_1 (n_1 + n_2 + 1) \\ V(W) &= \frac{1}{12} n_1 n_2 (n_1 + n_2 + 1) \end{aligned} \right\} \tag{4.20}$$

再构造一秩统计量：

$$A = \sum_{i=1}^{n_1} iU_i + \sum_{i=n_1+1}^{n_{12}} (n_{12} - i + 1)U_i \tag{4.21}$$

当 $n_1 + n_2$ 为偶数，A 的均值和方差分别为

$$\left. \begin{aligned} E(A) &= \frac{1}{4} n_1 (n_1 + n_2 + 2) \\ V(A) &= \frac{n_1 n_2 (n_1 + n_2 - 2)(n_1 + n_2 + 2)}{48(n_1 + n_2 - 1)} \end{aligned} \right\} \tag{4.22}$$

当 $n_1 + n_2$ 为奇数，A 的均值和方差分别为

$$\left. \begin{aligned} E(A) &= \frac{n_1 (n_1 + n_2 + 1)^2}{4(n_1 + n_2)} \\ V(A) &= \frac{n_1 n_2 (n_1 + n_2 + 1)[(n_1 + n_2)^2 + 3]}{48 (n_1 + n_2)^2} \end{aligned} \right\} \tag{4.23}$$

至此，可以构成联合统计量（HK）：

$$HK = \frac{[W-E(W)]^2}{V(W)} + \frac{[A-E(A)]^2}{V(A)} \qquad (4.24)$$

式中：n_1、n_2 分别为样本 x_1 和 x_2 的样本量；$E(W)$、$V(W)$ 分别为累计数 W 的均值和方差。

当样本量不小于 10 时，HK 为渐进自由度为 2 的 χ^2 分布。当 HK_i 超过临界值时，则判定 i 时刻径流序列发生了突变，该点即为突变点。

4.2.8 BG 算法

BG 算法原理为：依次划分每个点前后的序列为 x_{1i} 和 x_{2i}（$i=1$，2，3，…，n）。

第 i 点的联合偏差 SD_i 为

$$SD_i = \sqrt{\left(\frac{S_{1i}^2 + S_{2i}^2}{n_1 + n_2 - 2}\right)\left(\frac{1}{n_1} + \frac{1}{n_2}\right)} \qquad (4.25)$$

构建 t 检验的统计量 T_i：

$$T_i = \left| \frac{\mu_{1i} - \mu_{2i}}{S_{Di}} \right| \qquad (4.26)$$

式中：μ_{1i}、μ_{2i} 分别为样本 x_1 和 x_2 的均值；S_{1i}、S_{2i} 分别为样本 x_1 和 x_2 的标准差；n_1、n_2 分别为样本 x_1 和 x_2 的样本量。

依次对每一个 x_i 重复式（4.25）和式（4.26），对 T_{max} 的统计显著性进行检验：

$$P(T_{max}) = P(T \leqslant T_{max}) \qquad (4.27)$$

P（T_{max}）可近似表示为

$$P(T_{max}) \approx [1 - I_{\nu/(\nu + T_{max}^2)}(\delta\nu, \delta)]^\gamma \qquad (4.28)$$

由蒙特卡罗模拟可得：时间序列 x_t 的长度为 n，$\nu = n-2$，$\delta = 0.40$，$\gamma = 4.19\ln(n) - 11.54$，$I_x$（$a$，$b$）为不完全贝塔函数。临界值设定为 P_0，若 $P(T_{max}) \geqslant P_0$，则该分割点为一个突变点，并继续对子序列进行分割，对得到的新序列重复式（4.25）~式（4.28）的步骤。分割停止的条件为子序列长度小于 25，或者不满足 $P(T_{max}) \geqslant P_0$，其中 P_0 的取值可以在（0.5，0.95）之间选择。

（1）A-BG 法。这种方法的基本思想是：计算出月径流的多年平均值，并将其作为季节性周期成分从月径流序列中剔除，得到处理后的月径流时间序列，再用 BG 算法对得到的新序列进行处理。

（2）HHT-BG 法。HHT 特别适合于非线性和非平稳信号的分析，可以采用经验模态分解（EMD）方法从原序列中分解出不同特征尺度或层次的波动或趋势，然后将分解出来的不同特征尺度的固有模态函数（IMF）分量经Hilbert 变换得到 IMF 随时间变化的瞬时频率和振幅，分析得到序列的波动周期。其主要步骤如下。

1）首先利用 EMD 方法分解成几个 IMF 分量和一个趋势项。

2）用 Hilbert 变换找出月径流序列的周期成分，选择其中接近季节性的周期成分，即周期在 12 附近的分量 $n(i)$。然后将选择出来的分量 $n(i)$ 从月径流量 $x(t)$ 中剔除得到处理后的序列 $y(t)$。

3）利用 BG 算法对经 HHT 处理后的序列 $y(t)$ 进行突变分析。

4.3　结果分析

4.3.1　滑动 t 检验

图 4.1 中，$n=53$，两个子序列长度取 $n_1=n_2=5$。给定显著性水平 $\alpha=0.01$，按 t 分布，自由度 $\nu=n_1+n_2-2=8$，$t_{0.01}=\pm3.36$。从图 4.1 可以看出，自 1965 年以来，t 统计量有一年的值超过了 0.01 的显著水平，该值为一正值，出现在 1976 年，说明漳泽水库径流量在 1976 年出现了明显的突变，1976 年后，漳泽水库径流量突然减少。

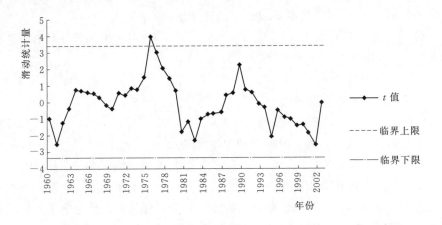

图 4.1　滑动 t 检验（$n_1=n_2=5$）

图 4.2 中，$n=53$，两个子序列长度取 $n_1=n_2=10$。给定显著性水平 $\alpha=0.01$，按 t 分布，自由度 $\nu=n_1+n_2-2=18$，$t_{0.01}=\pm2.88$。从图 4.2 可以看出自 1965 年以来，t 统计量有连续两年的值超过了 0.01 显著水平，且都为正值，出现在 1976 年和 1977 年，说明漳泽水库径流量在 1976 年和 1977 年两年出现了明显的突变，1977 年后，漳泽水库径流量突然减少。

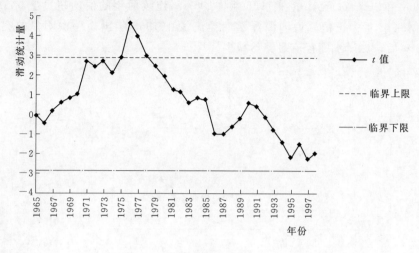

图 4.2　滑动 t 检验（$n_1 = n_2 = 10$）

4.3.2　Cramer 法

图 4.3 中，$n = 53$，选取子序列长度 $n_1 = 5$。在给定显著性水平 $\alpha = 0.01$ 时，按 t 分布，自由度 $\nu = n - 2 = 51$，$t_{0.01} = \pm 2.67$。从图 4.3 可以看出，自 1960 年以来，t 统计量有一年的值超过了 0.01 的显著性水平，且为正值，出现该值的年份为 1966 年，说明漳泽水库径流量在 1966 年有明显的突变出现，1966 年后，漳泽水库径流量突然减少。

图 4.3　Cramer 法统计值 t（$n_1 = n_2 = 5$）

图 4.4 中，$n = 53$，选取子序列长度 $n_1 = 10$。在给定显著性水平为 $\alpha = 0.01$ 时，按 t 分布，自由度 $\nu = n - 2 = 51$，$t_{0.01} = \pm 2.67$。从图 4.4 可以看出，

自 1960 年以来，t 统计量在 1966 年、1967 年连续两年的值均超过了 0.01 显著性水平，且为正值，说明漳泽水库径流量在 1966 年出现一次明显的突变，1966 年后，漳泽水库径流量突然减少。

图 4.4 Cramer 法统计值 t（$n_1 = n_2 = 10$）

4.3.3 Yamamoto 法

图 4.5 和图 4.6 中，用 Yamamoto 法对漳泽水库 1956—2008 年的径流量序列进行突变检验，取两段子序列长度均为 $n_1 = n_2 = 10$。在显著水平取值 $\alpha = 0.01$ 时，按 t 分布，自由度 $\nu = n_1 + n_2 - 2 = 18$，$t_{0.01} = \pm 2.878$，取信噪比 $R_{SN} = 1.0$。1976 年、1977 年两年的信噪比 $R_{SN} > 1.0$，这两年的统计量 t 值均超过临界值，表明 1976 年、1977 年径流量发生了显著性突变。

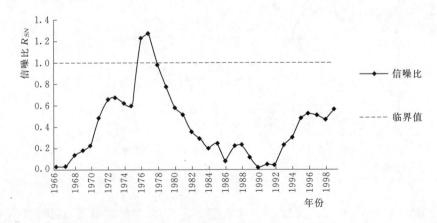

图 4.5 Yamamoto 法 R_{SN} 值（$n_1 = n_2 = 10$）

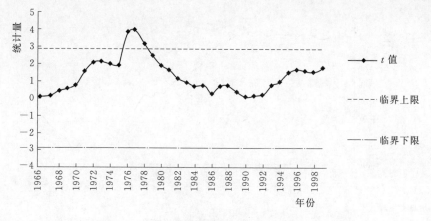

图 4.6 Yamamoto 法统计值 t（$n_1 = n_2 = 10$）

4.3.4 Mann-Kendall 法

图 4.7 中，用 Mann-Kendall 方法检测分析了漳泽水库 1956—2008 年径流变化趋势，给定显著水平 $\alpha = 0.05$，$U_a = \pm 1.96$，结果如图 4.7 所示，UF 和 UB 两条曲线在 1977 年处出现交点，且交点在临界线之间，则交点对应时刻便是径流突变开始的时间。由 UF 曲线可见，从 1977 年以来漳泽水库径流有一个明显下降趋势，并且从 20 世纪 80 年代后这种下降趋势大大超过显著性水平 0.05 临界线，表明径流下降趋势是显著的。

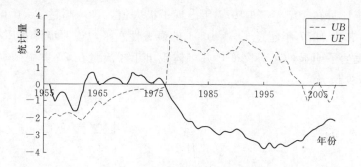

图 4.7 Mann-Kendall 突变分析

4.3.5 Pettitt 法

图 4.8 中，对应的最大 $|s_k|$ 值出现在 2002 年，在这一年 $k_{t_{2002}} = \max |s_k| = 357$，则 2002 年即为突变点。计算 2002 年的统计量 $P = 2\exp[-6k_2 t_0]/(n_3 + n_2) = 0.013 < 0.5$，则可以认为检验出的突变年份 2002 年在统计意义上是显著的。当突变点的 $k_{t_0} > 0$ 时，径流量具有减少的突变趋势，反之，当突变点的

图 4.8　佩蒂法突变分析

$k_{t_0} < 0$ 时，则径流量具有增加的突变趋势。通过计算可知，2002 年 $P_{OA}(t) < 0.5$，因此可知 2002 年为一突变点。

4.3.6　Lepage 法

采用 Lepage 法检测径流突变的步骤为：①确定基准点前后的两序列长度，本书取 $n_1 = n_2 = 10$；②采用连续设置基准点的办法以滑动方式计算 n_{12} 范围内的 U_i，并按照式（4.19）~式(4.24) 计算 HK_i；③给定显著性水平 $\alpha = 0.05$，自由度为 2 的 χ^2 分布临界值为 5.99。根据上述步骤，计算结果如图 4.9 所示，Lepage 统计量在 1973 年和 1977 年出现了极大值，且均超过 $\alpha = 0.05$ 的显著性水平，其中 1977 年超过了 $\alpha = 0.01$ 的显著性水平，说明漳泽水库径流量在 1977 年发生了明显的趋势突变，并可体现出年径流量在 20 世纪 80 年代后明显具有减少趋势。

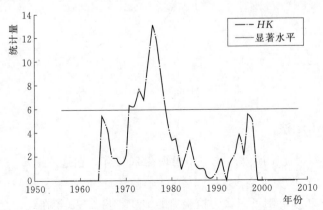

图 4.9　漳泽水库径流 Lepage 法突变分析

表 4.1 列出了径流的各段序列特征，结果显示突变分割后的子序列变差系数 C_v 值均比原序列的 C_v 值要小，说明子序列的离散程度在减小。突变点前后的子序列趋势明显。

表 4.1 漳泽水库径流各段特征值分析

年　份	C_v	趋　势
1956—2008	0.68	不明显
1956—1976	0.49	上升
1977—2008	0.54	下降

4.3.7 BG 算法

本书选择漳泽水库 1956—2008 年的历史观测资料作为研究对象，研究其年降水和天然年径流的突变特性。首先采用有序聚类分析法分别对降水量和径流量进行了最优分割计算，计算结果如图 4.10 和图 4.11 所示。

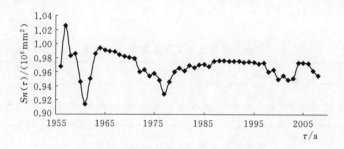

图 4.10 降水量 $Sn(\tau)$-τ 关系图

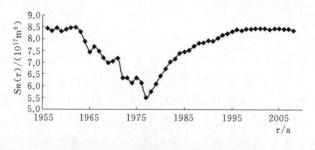

图 4.11 径流量 $Sn(\tau)$-τ 关系图

由图 4.10 可得，漳泽水库降水量在 $\tau = 1960$ 时 $S_n(\tau)$ 达到最小值，$\tau = 1976$ 时 $S_n(\tau)$ 为次于最小值的一个局部极小值，根据有序聚类原理降水量在 1960 年与 1976 年暂为突变的分割点。而径流量只存在一个最低点，即 $\tau = $

1976 时 $S_n(\tau)$ 达到最小值，随着 τ 的变化 $S_n(\tau)$ 没有出现明显的其他极小值。1960 年和 1976 年是否可以分别作为该站的降水量和径流量的突变分割点，还需要进一步检验证明。

本书选用秩和检验与游程检验两种方法对其验证，根据上述原理，取显著性水平 $\alpha=0.05$，查正态分布得临界值 $U_{\alpha/2}=1.96$，构造的统计值 U 计算结果见表 4.2。

表 4.2　　　　　　漳泽水库降水和径流有序聚类法检验结果

方　　　法	$U_{降水60}$	$U_{降水76}$	$U_{径流}$
秩和检验	2.313	4.053	4.128
游程检验	2.159	3.796	3.844

由表 4.2 可知，漳泽水库降水量和径流量的分割点均通过了秩和检验和游程检验，证明 1960 年和 1976 年为降水突变的最优分割点，1976 年为径流序列突变的最优分割点。然后，再用 BG 算法对降水量和径流量时间序列进行突变检测，取 l_0 为 25，P_0 为 0.95。降水量和径流量突变结果见表 4.3 和表 4.4。

表 4.3　　　　　　漳泽水库降水 BG 算法突变分析结果

项　　　目	1960 年	1964 年	1976 年	1999 年
T_{max}	12.5739	17.4082	12.2494	7.0004
$P(T_{max})$	1	1	1	0.99

表 4.4　　　　　　漳泽水库径流 BG 算法突变分析结果

项　　　目	1976 年	1999 年
T_{max}	24.825	12.073
$P(T_{max})$	1	1

由表 4.3 可以看出，漳泽水库 1956—2008 年降水量序列分别在 1960 年、1964 年、1976 年和 1999 年发生 4 次突变，并且都通过了检验。漳泽水库上游 6 座中型水库中 4 座建于 1958—1959 年，且漳泽水库本身在 1960 年和 1963 年进行大规模蓄水，大部分区域由原来的陆面蒸发变为水面蒸发，改变了原来的水循环过程，从而影响气候变化，致使降水量也发生改变。由于大范围气候变化的影响，1976 年和 1999 年属于该区域一个明显旱涝转折期。

由表 4.4 可知，漳泽水库 1956—2008 年径流量只在 1976 年和 1999 年发生两个突变，并通过了检验。可以得出，径流量突变与降水量突变有很好的同步性，降水量在其他年份发生突变，而径流量未突变，可推测在该站降水量不是影响径流形成的唯一因素，径流变化还会受气候变化和人类活动等因素的影响。气候变化对径流量的影响表现在两方面：第一，年降水量变化对径流量有直接的影响；第二，流域内蒸散发的加剧会造成径流量的减少。

由于流域内蒸发资料的不完整，所以无法定量计算其对径流量变化造成的影响。初步推测径流突变还可能是人类活动影响所致。人类活动对径流的影响也主要表现在两方面：第一，随着河道外引用消耗的水量不断增加，直接造成径流量的改变；第二，由于工农业生产、基础设施建设等活动改变了流域的下垫面条件，造成径流量的改变。

根据相关资料得知，漳泽水库坝体工程于 1960 年投入运行，在 1977 年前后，即我国国内土地利用方式改革开始时期，人类活动对自然环境破坏很大，使得流域下垫面条件发生了较大的变化，且河道取水和农业用水量大幅提高，1977—2008 年多年平均人类活动取水比例高达 65.2%，且 2000 年这一比例达 70.7%，可见人类活动的影响对地表水水资源量的影响在增加，具体体现在取水率越来越高。基于上述原因可推测漳泽水库径流在 1976 年和 1999 年发生突变。

表 4.5 和表 4.6 分别列出了降水与径流的各段序列特征，结果显示突变分割后的子序列变差系数 C_v 值均比原序列的 C_v 值要小，说明子序列的离散程度在减小。尤其径流量的 C_v 值变化更大，两个突变点分成的 4 个子序列 C_v 值分别为原序列的 66%、72%、69.7% 和 55.8%。采用 Kendall 秩次相关检验法对分割前后的时间序列做了趋势检验，能检测出突变点的序列趋势不明显，分割后的子序列趋势明显。

表 4.5　　　　　　　　　　漳泽水库降水各段特征分析

年　份	C_v	趋　势
1956—2008	0.2634	不明显
1956—1960	0.1943	明显
1961—2008	0.2417	不明显
1961—1964	0.0847	明显
1965—2008	0.2360	不明显
1965—1976	0.2400	明显
1977—2008	0.2179	不明显
1977—1999	0.2189	明显
2000—2008	0.2109	明显

表 4.6　　　　　　　　漳泽水库径流各段特征值分析

年　　份	C_v	趋　　势
1956—2008	0.7483	不明显
1956—1976	0.4942	明显
1977—2008	0.5413	不明显
1977—1999	0.5216	明显
2000—2008	0.4177	明显

（1）适合线性平稳序列的有序聚类分析法对漳泽水库 1956—2008 年的降水检测出两个突变点，径流序列只检测出一个突变点，而 BG 算法检测出降水量存在 4 个突变点，径流量存在 2 个突变点。且漳泽水库径流量与降水量突变具有很好的同步性，同时体现出径流变化不仅受降水量影响，而且下垫面和人类活动等对径流变化的影响也不容忽视。并结合气候变化与人类活动等因素，对漳泽水库的降水和径流突变进行了成因分析，发现在检测出的突变年份确实发生了大规模的人类活动。

（2）计算结果表明 BG 算法分割后的子序列变差系数与其相应的原序列变差系数相比，都有减小的趋势；并且分割后的子序列趋势较原序列明显。从而体现出原序列确为非平稳序列，且离散程度较大。

（3）BG 算法能有效地检测序列突变。与传统的方法相比，其特征主要表现在：该方法基于 t 检验将非平稳序列分割为多个具有不同均值的平稳子序列，各子序列表征了不同的物理背景，分割得到的各均值段的尺度具有可变性，不受方法本身的限制，克服了以往的检测方法基于平稳和线性过程的问题，故特别适合研究水文时间序列突变分析。

4.3.8　A - BG 法

首先，计算各测站的月径流量的多年平均值，计算结果见表 4.7，然后依次将各年的月径流量 $x(t)$ 减去月径流量的多年平均值，得到处理后的月径流序列 $m(t)$。图 4.12 中分别为处理前的月径流量序列 $x(t)$ 和处理后的月径流量序列 $m(t)$。

表 4.7　　　　　　　漳泽水库各月径流量的多年平均值

月　　份	1	2	3	4	5	6	7	8	9	10	11	12
漳泽水库/万 m³	694	844	1047	916	1288	1920	3633	4087	2538	1869	1178	856

使用 BG 算法对序列 $m(t_1)$ 进行突变点检验，取 $l_0 = 25$，$P_0 = 0.6$。计

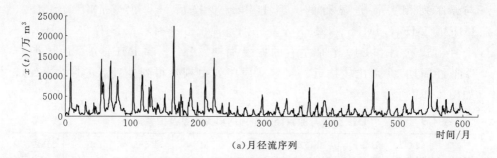

(a)月径流序列

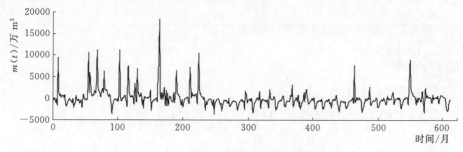

(b)A‐BG 处理后的月径流序列

图 4.12 漳泽水库月径流量序列及 A‐BG 法处理后的
月径流量序列曲线

算结果见表 4.8，在 $P_1 = 231$（1977 年 3 月）、$P_3 = 540$（2003 年 1 月）两个时间点，对应着两个较为显著的突变点，其显著水平分别为 0.7913 和 0.7098。

表 4.8　　　　　　　　　漳泽水库 A‐BG 算法突变点检验结果

项　　目	P	$T_{\max}$	P（$T_{\max}$）
1977 年 3 月	231	8.2476	0.7913
1962 年 5 月	53	3.1552	0.5397
2003 年 1 月	540	5.7103	0.7098

4.3.9　HHT‐BG 方法

利用 EMD 对漳泽水库的月径流时间序列进行分解，得到 7 个 IMF 分量和 1 个趋势项，计算 7 个 IMF 分量与原月径流序列的相关系数，见表 4.9，由于统计量使用了 612 个样本，因此相关系数大于 0.08 就超过了 0.05 的显著性水平。由表 4.9 可以看出，除 IMF6 分量外，其他 6 个分量与原序列相关性是显著的。经 Hilbert 变换后可得出其 IMF1、IMF2、IMF3、IMF4、IMF5、IMF7 分量分别呈现出 3 个月、5 个月、8 个月、18 个月、59 个月和 249 个月左右的振荡周期，IMF3 和 IMF4 分量的周期与季节性周期 12 月比较接近，将其从原序列中剔除得到处理后的序列 $y(t)$，如图 4.13 所示。

表 4.9　　　　　　IMF 分量与原月径流序列的相关关系及振荡周期

项　　目	IMF1	IMF2	IMF3	IMF4	IMF5	IMF6	IMF7
相关系数	0.2258	0.4515	0.4340	0.3068	0.1305	0.0715	0.2915
振荡周期	2.9	4.6	8.2	17.7	59.1	94.1	249

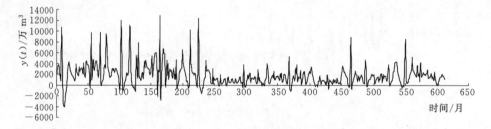

图 4.13　漳泽水库 HHT 方法处理后的月径流量序列曲线

使用 BG 算法对序列 $y(t)$ 进行突变点检验，取 $l_0 = 25$，$P_0 = 0.6$。计算结果见表 4.10，在 $P_1 = 226$（1976 年 10 月）、$P_2 = 546$（2003 年 6 月）两个时间点，对应着两个较为显著的突变点，其显著水平分别为 0.7853 和 0.6799。

表 4.10　　　　　漳泽水库 HHT - BG 算法突变点检验结果

项　　目	P	T_{max}	$P(T_{max})$
1976 年 10 月	226	8.1177	0.7853
2003 年 6 月	546	5.3244	0.6799

本章中分别用滑动 t 检验、Yamamoto 法、Mann - Kendall 法、Cramer 法和 Pettitt 法、Lepage 法和 BG 算法对漳泽水库径流量数据进行分析，表 4.11 对各种方法得到的突变年份进行了汇总，可以看出：滑动 t 检验、Yamamoto 法、Mann - Kendall 法、Lepage 法、BG 算法检验出的突变年份都是 1976 年、1977 年，Lepage 法检验出的突变年份为 1973 年，Cramer 法检验出的突变年份为 1966 年，BG 算法为 1999 年，A - BG 和 HHT - BG 为 2003 年。综合比较分析，1977 年和 1976 年漳泽水库径流发生了突变。

表 4.11	各种突变检验方法得到的结果
检验方法	突变年份
有序聚类法	1976
滑动 t 检验	1976、1977
Cramer 法	1966
Yamamoto 法	1976、1977
Mann - Kendall 法	1977
Pettitt 法	2002
Lepage 法	1973、1977
BG 算法	1976、1999
A - BG 法	1977、2003
HHT - BG 法	1976、2003

4.4 本章小结

（1）在本章中采用了不同的突变分析方法，分别为有序聚类法、滑动 t 检验、Yamamoto 法、Mann - Kendall 法、Cramer 法、Pettitt 法、Lepage 法和 BG 算法及其改进算法。不同方法得出的结果存在差异，其中滑动 t 检验、Yamamoto 法、Mann - Kendall 法、Lepage 法、BG 算法得到的结果基本一致，Cramer 法和 Pettitt 法得到的结果和其他方法得到的结果存在较大的差异。

（2）滑动 t 检验、Yamamoto 法、Lepage 法、Mann - Kendall 法、BG 算法检验出的突变年份都是 1976 年、1977 年，Lepage 法检验出的突变年份为 1973 年，Cramer 法检验出的突变年份为 1966 年。结合当地实际情况，突变发生的原因一方面是降水量的变化，另一方面是人类活动的影响，尤其是温室效应、煤炭开采和水土保持，其中煤炭开采和降水量的变化是突变年份出现的主要原因。

（3）以 BG 算法为核心的突变点检验方法——A - BG 法和 HHT - BG 法能检验到多个突变点，弥补了其他方法的不足之处；A - BG 法和 HHT - BG 法的分析结果基本一致。

第 5 章　河川径流时间序列 周期性分析

受天气、流域下垫面及人类活动等系统的综合作用，河川径流序列从本质上讲是一种非线性、弱相依且高度复杂的非平稳系统。该系统受外界周期或非周期因子的强迫作用，使得河川径流变化具有明显的时间上的多尺度性。研究这种非线性、非平稳系统的动力特性，当然最好的方法是采用非线性、非平稳序列的处理方法进行分析。

5.1　基于 EMD 的径流时间序列周期分析

针对水文气象等非线性、非平稳过程的分析，目前已经发展了许多方法，但是这些方法也存在一定的不足。经验模态分解（EMD）方法和相应的 Hilbert 变换是由 Huang 等于 1998 提出的分析非稳态资料的一种独特的数据挖掘方法。1999 年，对此方法做了改进。这种方法不仅可以适用于线性过程的分析，而且适用于非线性和非平稳时间序列的分析。其特点是可以将非线性、非平稳过程的数据进行线性化和平稳化处理，并在分解过程中保留了数据本身的特点。其结果是将信号中不同尺度的波动或趋势逐级分解出来，产生一系列列具有不同尺度数据系列，每个序列称为一个固有模态函数（intrinsic mode function，IMF）分量。而这些分量是完备的并且正交的。在此基础上再对各 IMF 进行 Hilbert 变换，得到各自的瞬时频率和瞬时振幅，而瞬时振幅在频率-时间平面上的分布就是 Hilbert 谱。由于 EMD 方法是依据数据本身的信息进行的分解，所以得到的 IMF 通常是个数有限的。基于这些分量进行的 Hilbert 变换得到的结果能够较好地反映真实的物理过程，即信号能量在空间（或时间）各种尺度上的分布规律。

5.1.1　傅里叶分析、小波分析与 Hilbert–Huang 变换的比较

1822 年，傅里叶（Fourier）正式出版了推动世界科学研究进展的巨著——《热的解析理论》。这一理论已成为基础科学和应用科学研究的系统平台，从本质上改变了科学家对函数的看法，为计算机等数字技术的实现铺平了道路。傅里叶谱分析将待研究的内容从一个空间变换到另一个空间研究的思想

和方法是重大创新。傅里叶谱分析是时间序列谱分析的基础。通过傅里叶变换可以把一个时域信号变换成频域信号，从而得到该信号的两种等价的描述方式。借助于傅里叶变换所反映信号的谱特性，可以分析出信号的内在特征，以及对信号进行滤波、去噪、压缩等进一步处理，获取我们所需要的信息。傅里叶谱分析已经广泛应用于信号处理领域的各个分支，取得了巨大的成功。事实检验在水文时间序列谱分析中是一种实用的方法。然而，由于傅里叶变换在理论上只能处理线性和平稳信号，从本质上讲，自然界存在的信号多数都是非线性、非平稳的，只是人们为了研究方便常常把一些信号看成是线性的、平稳的来进行处理，但这必然会带来虚假信息，影响到对信号本来面目及规律的认识。因此，傅里叶变换在理论上的局限性阻碍了其在非线性和非平稳信号领域的拓展。

小波分析是当前数学中一个迅速发展的新领域，是处理非线性和非平稳信号的一种有效方法，它同时具有理论深刻和应用广泛的双重意义。1990 年，Meyer 出版了《小波与算子》，标志着小波理论这一新兴学科的诞生。由于小波变换的多分辨率表现使得可以通过对母小波在时域上的伸缩和平移，获得不同尺度的信号分解分量，这些分解分量反映了信号的局部时频特征，因而能有效地从信号中提取信息。小波变换在时域和频域的同时局部化克服了傅里叶变换的缺点，从而小波变换被誉为"数字显微镜"。小波变换方法已经广泛应用到理论分析和工程应用领域，特别是在非线性系统和非平稳信号的分析中占有一席之地。

由于小波基在时域和频域同时具有局部化的特征，故可以通过小波变换，获得信号的时频谱，从而可同时在时域和频域上考察信号的特性。然而，小波变换又带来了新的困难。由于在小波变换中，并没有唯一的基函数，必须根据实际应用选取小波基，这虽然增加了信号的适应性，但如何选择最优小波基，存在着不同的评判标准，如果选择不同的小波基就可能产生不同的分析效果。同时，小波基一经选择，在整个分析过程中就不能更改，因此完全有可能在全局上所选择的小波基为最优，而在某些局部表现为非常差。更进一步说，无法从信号的局部特征出发选择小波基。另外，不同小波基的分析结果不存在量的可比性。这些困难直接影响了小波变换的工程应用。

Hilbert - Huang 变换是一种最新发展起来的信号分析方法，它通过对信号进行经验模态分解，获得多个固有模态函数（IMF）的组合，对这些固有模态函数作 Hilbert 变换，就可得到每一个固有模态函数的瞬时频谱，综合所有固有模态函数的瞬时频谱可以得到信号的一种新的时频描述方式，称为Hilbert 谱。Hilbert - Huang 变换是从信号局部特征出发，直接由信号本身构造基函数，从而得到不同尺度的分解分量，该方法具有良好的局部适应性和分析结果的直观性，在一维信号的分析中，其分析结果完全可以和小波变换媲美。

但是相比而言，Hilbert 谱的优点更为明显：

（1）在时域和频域内的分辨率都远远高于小波谱，得到的分析结果能准确表述系统原有的物理特性。

（2）Hilbert 变换得到的谱形能够准确地用波内调制反映出系统的非线性特性，这是以往各种信号处理方法所不能比拟的。

（3）由于能作出时频图，因而 Hilbert 变换能定量地描述频率与时间的关系，而小波分析则只能定性地描述频率与时间的关系。瞬时频率定义为相位函数的导数，不需要整个波来定义局部频率，因而可以实现在低频信号中分辨出奇异信号的局部变化，即使这一局部变化只是发生在低频范围内，也必须从高频范围内开始去寻找这一结果。因为频率越高，小波变换局部化特性越好，这使得小波变换的解释不直观。有人形象地将 EMD 规律称为自适应多分辨，而小波中的多分辨称为恒定多分辨。因为在同一小波分量中不同时刻的频率特性是一致的，而 EMD 中在同一分量中，不同时刻的瞬时频率可以相差很大。这种说法很贴切。

综上所述，从总体上看，Hilbert - Huang 变换比傅里叶谱分析法有更多的优势，与小波分析方法有类似的功能，但是比小波分析有更多的优点。过去的几年，Hilbert - Huang 变换已经被广泛用于非线性的海洋波动数据、地震信号和结构、桥梁和建筑物状况监测、生物医学信号（如血压的波动）、太阳辐射等领域的研究。

5.1.2　瞬时频率

与传统的谱分析方法处理稳态信号时所用的"频率"一词概念不同，现代谱分析在处理频率随时间变化的非稳态信号时，信号的瞬时频率定义方法如下。

在平方可积空间 L^2 中，可以定义一个非稳态过程的时间序列 $x(t)$ 的 Hilbert 变换 $y(t)$ 为

$$y(t) = \frac{1}{\pi} P\left[\int_{-\infty}^{\infty} \frac{x(\tau)}{t-\tau} d\tau\right] \tag{5.1}$$

式中：P 为取积分的主值。

解析信号 $z(t)$ 可由式（5.2）定义：

$$z(t) = x(t) + iy(t) = a(t)e^{i\theta(t)} \tag{5.2}$$

其中

$$a(t) = [x^2(t) + y^2(t)]^{1/2} \tag{5.3}$$

$$\theta(t) = \arctan \frac{y(t)}{x(t)} \tag{5.4}$$

自然界中的各种信号都是实的，尽管如此，定义在某种意义上对应实信号的复信号经常是有用的。定义复信号的目的之一就是，它可以使我们能够明确地获得信号的相位和幅度。事实上，在信号分析领域中，已经证明物理可实现系统频域系统函数的实部与虚部之间构成的 Hilbert 变换，如式（5.5）所示：

$$x(t) = \frac{1}{\pi} \mathrm{P}\left[\int_{-\infty}^{\infty} \frac{y(\tau)}{t-\tau} \mathrm{d}\tau\right] \tag{5.5}$$

　　从理论上讲，有无数多种方法可以定义解析信号 $z(t)$ 的虚部，历史上有两种方法，即正交方法和解析方法，但正交方法表示形式不是唯一的，1946年 Garbor 引入了解析信号，从而使虚部定义问题得到了很好的解决。

　　从式（5.1）和式（5.5）不难看出，如果已知实部就可以唯一地确定解析信号的虚部，反过来如果已知虚部也可以唯一地确定实部。实部和虚部构成了一对 Hilbert 变换对。这样就解决了由原信号唯一构造复信号的问题。

　　使用 Hilbert 变换，可以把瞬时频率定义为

$$\omega(t) = \frac{\mathrm{d}\theta(t)}{\mathrm{d}t} \tag{5.6}$$

　　通过式（5.6）定义的瞬时频率是时间的单值函数，在任何时间内有唯一确定的瞬时频率。为了使上述方法定义的瞬时频率有实际意义，必须满足下列条件：任何信号经变换分解后，所得到的各个组分的相位函数和瞬时频率应当为正数或等于零。也就是要求组分函数是对称的，并且局部均值为零。根据这个条件对信号处理过程进行约束，把信号分解为瞬时频率有意义的各个组分，这个过程就是经验模态分解方法，分解所得到的组分就是 Huang 等定义的固有模态函数。

　　另外，从式（5.1）可以看出，Hilbert 变换是信号 $x(t)$ 和时间 t 的倒数 $1/t$ 的卷积，因此 Hilbert 变换强调了信号 $x(t)$ 的局部特性。采用式（5.1）极坐标的形式可以更好地表示 $x(t)$ 的局部特性：它表示幅值和相位随时间变化的三角函数对信号 $x(t)$ 的最佳拟合。

5.1.3　离散瞬时频率的数值计算

　　在工程领域中，为了便于应用计算机分析计算，信号一般是离散的。离散后的参量计算具有不同于连续参量的计算特点，因此研究离散瞬时频率的计算是非常必要的。

　　在把瞬时频率的概念应用到离散信号时，我们不得不面临两个困难：第一个困难是如何在离散形式下逼近连续微分运算，前面定义瞬时频率为解析信号的相位导数，在处理离散信号时，没有唯一对应的离散微分算子，大部分文献都采用中心差分而不是向前或向后差分来逼近连续微分运算，事实上，并没有

理论上的根据；第二个困难与离散傅里叶谱的周期性特征相关联，对于一个其周期为 N 个采样长度的信号，其傅里叶谱表现为周期性的连续谱，为了能够应用计算机进行分析，我们不得不对其进行离散化，通过离散傅里叶变换可以获得具有周期性的离散谱，其周期长度为 N 个采样点，表现在 Z 平面上是单位圆上 N 个等距点的取值，因此其加权平均值表现为幅角的加权和。

设 N 为离散实信号 $x(n)$ 的任意一个完整周期的采样点数，那么相应的解析信号为

$$z(n) = x(n) + iy(n) = a(n)e^{i\varphi(n)} \tag{5.7}$$

这里，$y(n)$ 是 $x(n)$ 的离散 Hilbert 变换；$a(n)e^{i\varphi(n)}$ 是 $z(n)$ 的极坐标形式。可见这里的关键是进行离散 Hilbert 变换。对离散信号进行 Hilbert 变换可以这样进行：先对原序列 $\{x_i\}$ 进行快速傅里叶变换（FFT）得 $\{X_i\}$，若 $\{X_i\}$ 移相 90° 后序列为 $\{H_i\}$，则对 $\{H_i\}$ 再进行快速傅里叶逆变换（IFFT）即得变换后的序列 $\{y_i\}$。这里移相 90° 如下进行：

$$H_i = \begin{cases} -iX_i, i = 2,3,\cdots N/2 \\ 0, i = 1, N/2+1 \\ iX_i, i = N/2+2,\cdots N \end{cases} \tag{5.8}$$

根据 $z(n)$ 的极坐标形式，可以定义离散瞬时频率为相位的向后差分形式：

$$\Omega(n) = [\varphi(n) - \varphi(n-1)] \bmod 2\pi \tag{5.9}$$

这里，求模运算"$\bmod 2\pi$"反映了相位 $\varphi(n)$ 的周期性。瞬时频率同样可以被定义为向前或中心差分的形式。

值得注意的是，在应用以上瞬时频率定义时，我们限制只有单分量信号才能得到有意义的瞬时频率值。从信号分析的角度单分量信号被定义为：局部仅仅含有一个频率成分或者以某个频率为中心的窄带信号。对于任意一个信号，为了能够应用上面介绍的方法获得瞬时频率，必须把信号分解为一系列的单分量信号的组合，因此对于一个复杂的信号在某一时刻将可能存在着多个瞬时频率值，这正反映了非平稳信号的内在本质特征。

5.1.4　经验模态分解方法

由于瞬时频率的计算只能应用于单分量信号，为了进行变换分析，将多分量信号采用适当的方法分解为单分量信号的线性组合是必要的。Huang 通过引入经验模态分解方法使得复杂的信号能够通过一层层的筛分，得到有限数目的固有模态函数，对每一个固有模态函数求解出瞬时频率函数，结合所有的固有模态函数，就可以得到复杂信号的时频分布——Hilbert 谱。

5.1.4.1 固有模态函数

固有模态函数是满足单分量信号物理解释的一类信号。直观上，固有模态函数具有相同的极值点和过零点数目，下面给出固有模态函数的一个正式定义。

一个固有模态函数必须满足下面两个条件。

（1）在整个信号长度上，极值点和过零点的数目必须相等或者至多只相差一个。

（2）在任意时刻，由极大值点定义的上包络线和由极小值点定义的下包络线的平均值为零；也就是说信号的上下包络线对称于时间轴。

第一个条件是明显的，它对应于传统的高斯正态平稳过程的窄带要求；第二个条件是一个新的观点，它是通过对传统上需要全局满足的条件进行修正得到的，对瞬时频率来说，它是必要的，克服了由于不对称波形引起的不必要的波动现象。理想情况下，它应该定义在信号局部平均值为零的基础上，但对于非平稳信号，由于无法引入局部的时间尺度来定义局部均值，作为一个替代方法，用信号上下包络线的局部平均值来计算信号的局部均值，这样就可以避免定义局部平均时间尺度。虽然，这种处理方法可能引起一些偏差，但对于所研究的非平稳信号和非线性系统来说，这种定义计算得到的瞬时频率与我们所研究的系统的物理现象是一致的。

5.1.4.2 筛分过程

经验模态分解方法对处理非线性和非平稳信号是必要的，不像其他信号处理方法，这种新方法是直观的、直接的和自适应的，它不需要预先设置基函数。在分解过程中，基函数直接从信号本身产生。因此，这种方法对信号的类型没有特别的要求，特别适合于非线性和非平稳信号的分析。这种方法是基于一种简单的假设：任何复杂的信号都是由简单固有模态函数组成。每一个模态可以是线性的，也可以非线性和非平稳的，但它们都有一个共同的特点：在整个信号长度内，每个模态函数具有相同数目的极值点和过零点；更进一步的要求，每个模态对称于局部均值。直观地看，其波形为一个拟正弦波。局部均值是通过信号的上下包络线定义的，基于这种定义方式，通过信号的特征尺度就可以区别出不同的模态分量。在这里，特征尺度是由信号相邻的极值点的时间跨度定义的。对于一个信号，在任何时刻，有可能同时存在不同的模态函数，这些模态函数彼此叠加，从而构成了各种复杂的信号。每一个模态是相互独立的，在任何相邻的零点之间，不存在多重极值点。这种模态函数就是前面所定义的 IMF。

EMD 方法的分解过程是：先将原始数据分解成第一个 IMF 和随时间变化

的均值之和；然后，将均值考虑为新的数据，将其分解为第二个 IMF 和新的均值，持续这种分解过程直至获得最后一个 IMF；最后一个 IMF 的均值是一个常数或趋势项。均值的获得方法是首先用三次样条函数拟合确定数据的上、下包络，然后将上、下包络的平均确定为均值。为保证均值确定的准确性，需要多次迭代，直至满足给定的判据。固有模态函数的求取主要有以下 3 个步骤。

（1）找出原时间序列 $x(t)$ 的各个局部极大值，在这里，为更好保留原来时间序列的特性，局部极大值定义为时间序列中的某个时刻的值，其前一时刻的值也不比它大，后一时刻的值也不比它大。然后用三次样条函数进行插值，得到原时间序列 $x(t)$ 的上包络线序列值 $x_{\max}(t)$。同理，可以得到下包络线序列值 $x_{\min}(t)$。

（2）对每个时刻的 $x_{\max}(t)$ 和 $x_{\min}(t)$ 取平均，得到包络线的瞬时平均值 $m(t)$：

$$m(t) = \frac{m_{\max}(t) + m_{\min}(t)}{2} \tag{5.10}$$

（3）用原序列 $x(t)$ 减去包络线的瞬时平均值 $m(t)$，得到类距平值序列 $h(t)$：

$$h(t) = x(t) - m(t) \tag{5.11}$$

对于不同的数据序列，$h(t)$ 可能是固有模态函数，也可能不是。如果 $h(t)$ 中极值点的数目和跨零点的数目相等或至多只差一个，并且各个瞬时平均值 $m(t)$ 都等于零，那它就是固有模态函数。否则，把 $h(t)$ 当作原序列，重复以上步骤，直至满足固有模态函数的定义，求出固有模态函数为止。求出了第一个固有模态函数 $I_1(t)$，也即从原序列中分解出第一个分量。然后，用原序列减去 $I_1(t)$，得到剩余值序列 $r_1(t)$：

$$r_1(t) = x(t) - I_1(t) \tag{5.12}$$

至此，提取第 1 个固有模态函数的过程全部完成。然后，把 $r_1(t)$ 作为一个新的原序列，按照以上步骤，依次提取第 2、第 3…，直至第 n 个固有模态函数 $I_n(t)$。最后，由于 $r_n(t)$ 变成一个单调序列，再也没有固有模态函数能被提取出来。如果把分解后的各分量合并起来，就得到原序列 $x(t)$：

$$x(t) = \sum_{i=1}^{n} I_i(t) + r(t) \tag{5.13}$$

这样，就把一个数据分解成为固有模态函数组和残余量之和。

5.1.4.3　经验模态分解中存在问题的解决

在经验模态分解（EMD）方法中，我们可以发现还有两个问题：①当拟合时间序列信号的两个端点时，由于端点处数据不定，会引起分解结果的发散及失真，并且可能会逐渐向内扩散，污染所求的结果。此外，在进行 Hilbert

变换时，信号的两端也会出现端点效应。②在分解固有模态函数的过程中，需要不断地迭代以满足迭代精度要求，这就要求建立停止迭代的标准。对于这两个问题，Huang 并没有进行讨论。实践中可以做如下处理。

（1）端点效应的抑制。在运用 EMD 方法对非线性的资料进行分解时，必须进行端点抑制。端点抑制问题是应用 EMD 方法的瓶颈问题，如果不进行抑制，要么会因在端点处弃值而严重影响资料的完整性，要么会因在端点处发散而使运算溢出。如果抑制的不好，又会因影响度过大而使分解严重失真。

通常，解决这类问题有两种方法。对于采样数据很长的信号来说，可以根据极值点的情况不断地抛弃两端的数据来保证得到的包络失真程度最小。而对于短数据采样信号而言，解决的方法是对时间序列的两端向外进行数据延拓。根据所处理的数据信号不同，可以选择不同的延拓方法。现有的延拓方法为偶延拓、镜像延拓、周期延拓、基于时间序列预测的延拓方法和神经网络延拓方法。处理对象为周期信号时，应当采用周期延拓；处理对象为随机信号时，最好采用基于时间序列预测的延拓方法或神经网络延拓方法。

（2）确定固有模态函数的判据。要分解出固有模态函数，必须确定固有模态函数的判据。否则，无限重复的结果只可能得到定常振幅的调频波，仅仅保留了频率调制的特点，而无法说明幅值变化的物理现象，这就失去了应有的物理意义。具体在算法实现上，可利用式（5.14）判断：

$$sd = \frac{\sum\limits_{t=0}^{T} \mid h_j(t) - h_{j-1}(t) \mid^2}{\sum\limits_{t=0}^{T} h_{j-1}^2(t)} \tag{5.14}$$

sd 称为筛分门限值，实践证明，一般取 $0.2 \sim 0.3$。如果 sd 小于这个门限值，筛分过程就停止，从而认为 h_j 为一阶 IMF。

5.1.5 Hilbert‐Huang 变换及其谱

通过 EMD，就可以对每个固有模态函数进行 Hilbert 变换，求出瞬时频率，得到 Hilbert‐Huang 谱。Hilbert 变换是一种线性变换，代表线性系统，如果输入信号是平稳的，那么输出信号也应该是平稳的；Hilbert 变换强调了信号的局部属性，用它可以得到瞬时频率，这就避免了用傅里叶变换时为拟合原序列而产生的许多多余的、事实上并不存在的高、低频成分。对每个固有模态函数 $I(t)$ 进行 Hilbert 变换可得

$$\widetilde{I}_j(t) = \frac{1}{\pi} P\left[\int \frac{I_j(\tau)}{t - \tau} d\tau\right] \tag{5.15}$$

式中：P 为对积分取主值。

由 $I_j(t)$ 和 $\tilde{I}_j(t)$ 可以构成一个复序列 $Z_j(t)$：

$$Z_j(t) = I_j(t) + i\tilde{I}_j(t) = a_j(t)e^{i\theta_j(t)} \tag{5.16}$$

其中

$$a_j(t) = [I_j^2(t) + \tilde{I}_j^2(t)]^{1/2} \tag{5.17}$$

$$\theta_j(t) = \arctan\frac{\tilde{I}_j(t)}{I_j(t)} \tag{5.18}$$

得到的瞬时频率为

$$\omega_j(t) = \frac{\mathrm{d}\theta_j(t)}{\mathrm{d}t} \tag{5.19}$$

因此原数据可以表示为

$$x(t) = \mathrm{Re}\sum a_j(t)\exp\left[i\int\omega_j(t)\mathrm{d}t\right] \tag{5.20}$$

式中：Re 为取实部。

基于下面的理由，式（5.20）没有考虑剩余分量 $r(t)$。一般来说，$r(t)$ 是一个单调函数或者一个常量。由于我们更关心其他高频率的周期成分所包含的信息，因此最后的非 IMF 成分一般不予考虑。当然，如果确实需要，可以把 $r(t)$ 当作一个 IMF 分量包含在公式内。

综上所述，Hilbert 变换谱的计算过程如下。

（1）对每个固有模态函数进行 Hilbert 变换。

（2）根据式（5.16）把固有模态函数和 Hilbert 变换后的固有模态函数组成一个复序列信号。

（3）根据式（5.17）和式（5.18）计算每一时刻的幅值和相位。

（4）根据式（5.19）把相位对时间进行微分，获得每个时刻的瞬时频率。

（5）把时间、瞬时频率和幅值组成 Hilbert 变换谱图。

5.1.6　实例分析

世界气象组织（WMO）曾规定取系列为 30 年的平均作为准平均，并用极差和标准差来描述气候的变异性。这种认识反映在陆地水文过程的研究中，则表现为长期来规划设计中许多的水文计算都是以几十年至几百年时间尺度内水文过程稳定不变为前提的，未来被看作是过去的重复或外延。随着研究的深入，近来人们发现某一地区气候或水循环过程并不处在统计的平衡状态，而是以各种不同的时间尺度（如年际、十年际等各种尺度）的变化组成的。受到这种气候变化以及人类活动的影响，水循环要素的变化表现为非平稳性。

一般认为非平稳的过程包含有趋势成分、演化周期成分、随机相依成分和纯随机成分。对于非平稳水文序列，趋势成分可以看作是周期长度比实测序列长得多的长周期成分，属于大尺度的低频成分；随机成分是由不规则的振荡和随机因素造成的，如气候异常、人类活动等，属于小尺度的高频成分；周期成分是由确定性的因素引起的，如地球公转、自转及太阳活动等因素，在水文序列频谱图上的频率介于趋势成分和随机成分之间。针对水文序列的这种非线性、非平稳性，这里试图运用 Hilbert‑Huang 变换方法来研究黄河上游径流长期变化的规律。

对兰州站、贵德站 1920—2003 年的年径流序列进行 EMD，采用灰色周期方法进行径流序列延拓，分解结果如图 5.1 和图 5.2 所示。

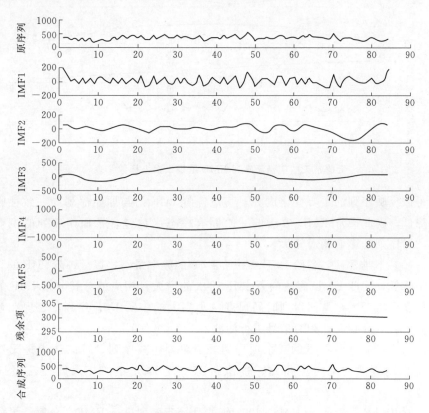

图 5.1 兰州站天然年径流序列 EMD 结果（横坐标数字表示时间序号）

由图 5.1 和图 5.2 可见：

（1）经 EMD 后，兰州站、贵德站年径流序列分别得到 5 个固有模态函数和残余分量，各分量依次相加得到的重构序列很好地恢复了原始序列的各种状态，说明 EMD 的精确性较好。

（2）两站年径流序列的一阶 IMF 与原始序列相比有较好的一致性，基本

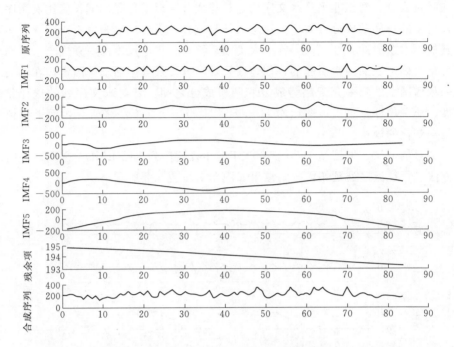

图 5.2　贵德站天然年径流序列 EMD 结果（横坐标数字表示时间序号）

上可以反映序列的主要变化成分，其他各阶 IMF 的与原始序列的一致性则逐步降低，因此通常 EMD 方法的一阶固有模态函数包含了原始序列的主要信息，对序列的影响相对较大。

（3）不难发现，各阶 IMF 中一阶 IMF 的频率最高，以后各阶 IMF 的频率逐步降低，因此 EMD 方法随着 IMF 阶次的增大，相应的分解分量 IMF 的特征尺度也将变大，从而得到时间尺度由小到大的多阶 IMF 序列，表现在频谱上为依次从高频向低频对信号进行滤波。

（4）最后分解剩下的残余项均为一个单调递减序列，可以认为是天然年径流的趋势项。说明兰州站、贵德站 1920—2003 年的年尺度径流呈递减趋势。

对兰州站、贵德站 1920—2003 年的月径流序列进行 EMD，分解结果如图 5.3 和图 5.4 所示。

由图 5.3 和图 5.4 可以看出，兰州站天然月径流序列经 EMD 后，可得到 9 个固有模态函数和残余分量，而贵德站则可分解得 8 个固有模态函数和残余分量。同时，两站月径流分解出的固有模态函数也具有与年径流分解结果类似的特性，而最后的残余项为单调递增序列，说明兰州站、贵德站 1920—2003 年的月尺度径流呈递增趋势。

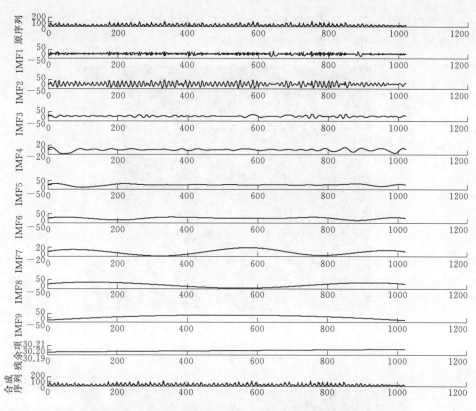

图 5.3　兰州站天然月径流序列 EMD 结果（横坐标数字表示时间序号）

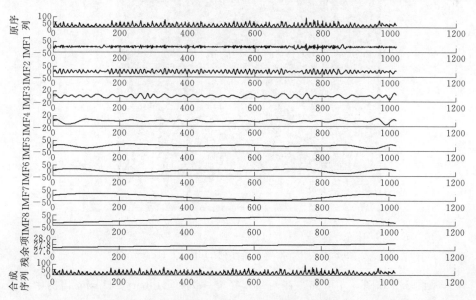

图 5.4　贵德站天然月径流序列 EMD 结果（横坐标数字表示时间序号）

对兰州站、贵德站年径流分解后的固有模态函数进行 Hilbert 变换，得出 Hilbert - Huang 谱，如图 5.5 和图 5.6 所示。

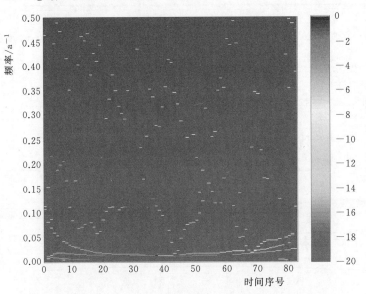

图 5.5　兰州站年径流序列 Hilbert - Huang 谱

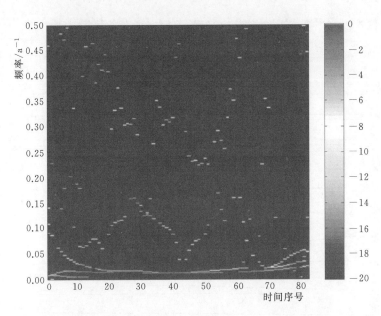

图 5.6　贵德站年径流序列 Hilbert - Huang 谱

从图 5.5 和图 5.6 可知，在两站年径流序列的 Hilbert - Huang 谱图中，固有模态函数围绕中心频率波动，分布清晰，互相之间很少出现重叠或交叉现象，其中 IMF1 的时间-频率关系呈随机分布的状态，较为散乱，能量大部分集中在 0.2~0.5 范围内。IMF2 能量大部分集中在 0~0.25 范围内，IMF3 能量大部分集中在 0~0.1 范围内，IMF4 能量大部分集中在 0~0.05 范围内，IMF5 能量大部分集中在 0~0.01 范围内且变化轨迹较为清晰并贯穿整个序列。

由图 5.5 和图 5.6 可求出两站年径流各 IMF 分量对应中心频率，进而可得不同尺度下的年径流隐含周期，见表 5.1。

表 5.1　　　　　　　兰州站、贵德站年径流分量中心频率及隐含周期

站　　点	兰　州　站		贵　德　站	
项目	中心频率/a^{-1}	周期/a	中心频率/a^{-1}	周期/a
IMF1	0.371	2.6983	0.336	2.9767
IMF2	0.166	6.0302	0.169	5.9274
IMF3	0.047	21.312	0.047	21.466
IMF4	0.026	38.7500	0.026	38.7400
IMF5	0.005	186.600	00.004	223.7000

由表 5.1 可以看出，兰州站年径流序列和贵德站年径流序列前 4 个隐含周期具有非常好的一致性，考虑到 IMF5 主要是 200 年左右尺度的长期变化成分，两站的一致性也较好。

对兰州站、贵德站月径流分解结果进行 Hilbert 变换，得出 Hilbert - Huang 谱，如图 5.7 和图 5.8 所示。

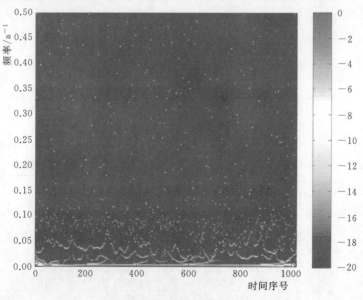

图 5.7　兰州站月径流序列 Hilbert - Huang 谱

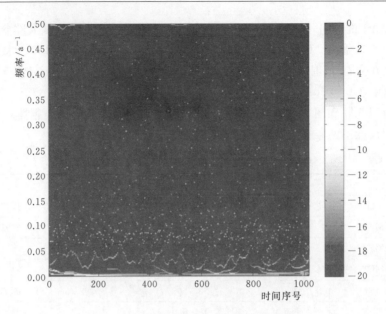

图 5.8　贵德站月径流序列 Hilbert-Huang 谱

从图 5.7 和图 5.8 可知，在两站月径流序列的 Hilbert-Huang 谱图中，总体分布特征与其年径流谱图相似，IMF1 能量大部分集中在 0～0.5 范围内，IMF2 能量大部分集中在 0～0.2 范围内，IMF3 能量大部分集中在 0～0.1 范围内，IMF4 能量大部分集中在 0～0.05 范围内，IMF5 以后的能量大部分集中在 0～0.01 范围内且变化轨迹较为清晰并贯穿整个序列。从能量分布来看，与各自的年径流分布较一致，并且两站点的分布也一致。

同样求出两站月径流各 IMF 分量对应中心频率及隐含周期，见表 5.2。

表 5.2　　　　　　兰州站、贵德站月径流分量中心频率及隐含周期

站　点	兰州站			贵德站		
项　目	中心频率 /（1/月）	周期 /月	周期 /a	中心频率 /（1/月）	周期 /月	周期 /a
IMF1	0.3338	2.9954	0.2496	0.31800	3.1443	0.2620
IMF2	0.1591	6.2835	0.5236	0.15250	6.5581	0.5465
IMF3	0.0744	13.4382	1.1199	0.06620	15.1093	1.2591
IMF4	0.0342	29.2387	2.4366	0.02400	41.6736	3.4728
IMF5	0.0124	80.6063	6.7172	0.01000	100.1645	8.3470
IMF6	0.0062	160.8328	13.4027	0.00450	222.5059	18.5422
IMF7	0.0044	227.5036	18.9586	0.00230	439.0890	36.5908
IMF8	0.0025	402.6548	33.5546	0.00075	1336.9000	111.4100
IMF9	0.00057	1740.8000	145.0700	—	—	—

由表 5.2 可以看出：①兰州站月径流序列可能具有 2.9954 个月、6.2835 个月以及 1.1199 年、2.4366 年、6.7172 年、13.4027 年、18.9586 年、33.5546 年、145.0700 年的隐含周期；贵德站月径流可能具有 3.1443 个月、6.5581 个月以及 1.2591 年、3.4728 年、8.3470 年、18.5422 年、36.5908 年、111.4100 年的隐含周期；②从互相关系来看，两站都具有 3 个月左右反映季间变化、6 个月左右反映年内丰枯变化以及 1 年左右的年际变化周期，同时也有 2～3 年、6～8 年、19 年以及 33～36 年和 100 年以上的周期，一致性也较好，但兰州站月径流同时还有 13 年左右的周期；③从月径流与年径流的关系来看，两种径流序列分析都得到了 3 年、6 年、20 年以及 36 年左右的周期，虽有差异，但也具有一定的一致性。分析差异产生的原因，可能有两点：①年径流序列短，而月径流序列长、描述细，所以分析得到的结果更加丰富，如月径流可以分析得到径流年内变化的一些规律；②由于月径流序列更长，可能分析精度更高，所以虽然两站年径流分析结果一致性非常好，但月径流分析则会将年径流所反映不出来的一些情况找出来，因而两站还是有一定差异的。

5.2 基于 EEMD 的径流时间序列周期分析

EMD 方法是基于数据本身的一种分解，与傅里叶变换、小波变换等时频分析方法相比具有自适应的优点，因此它能很好地处理像年径流序列这样的非线性、非平稳过程。但是，传统的 EMD 方法具有模态混叠的缺点。所谓的模态混叠（mode mixing，MM），指的是当信号经过 EMD 方法筛分之后，分解得到的一个 IMF 分量包含不同时间尺度特征成分，或者一个时间尺度特征成分存在于不同的 IMF 分量中的现象。

模态混叠现象出现的一个重要原因就是分解的信号中含有隐含尺度。所谓隐含尺度，是指在利用极值时间尺度分解的过程中，总是将信号局部的最高频率当作是当前 IMF，从而无法将该隐含尺度识别为一个单独的模态，也可以说模态混叠主要是由于信号的间断而产生的。在 EMD 方法中，得到合理 IMF 分量的能力取决于序列极值点的分布情况，所以说如果序列极值点的分布不均匀（也就是说序列的时间尺度存在跳跃性变化），就会出现模态混叠的情况。

模态混叠的影响包括：①造成严重的锯齿线，使单一的 IMF 失去物理意义；②导致物理单一性的缺乏，对于两个同样的信号其 EMD 结果不同。

针对传统 EMD 方法所出现的模态混叠的问题，科学家们提出了一系列的解决方法，本章将采用 Huang 提出的 EEMD 来分析年径流序列的周期特性。

5.2.1　EEMD 方法

EEMD 方法是通过对 EMD 白噪声结果的统计特性进行大量研究后提出来的，这是一种噪声辅助信号处理（NADA）的方法。它通过加入小幅度的高斯白噪声来均衡信号，有效地抑制了 EMD 方法中出现的模态混叠现象；高斯白噪声具有频率均匀分布的统计特性，EEMD 就是利用了零均值噪声的特性，使真实信号得到了保留。EEMD 方法具体的分解步骤如下。

（1）在原始序列 $x(t)$ 中多次加入标准正态分布的高斯白噪声序列 $n_i(t)$，即

$$x_i(t) = x(t) + n_i(t) \tag{5.21}$$

式中：$x_i(t)$ 为第 i 次加入高斯白噪声后的序列。

当加入的白噪声均匀分布到整个时频空间时，这个时频空间就由不同尺度成分组成，原始序列中不同时间尺度的信号会自动分布到合适的参考尺度上去，这样就避免了序列的时间尺度存在跳跃性变化，避免了信号间断的现象，避免了隐含尺度的出现。

（2）分别对 $x_i(t)$ 进行 EMD，得到 $c_{ij}(t)$ 和 $r_i(t)$。其中，$c_{ij}(t)$ 为第 i 次加入高斯白噪声后分解得到的第 j 个 IMF 分量；$r_i(t)$ 为第 i 次加入高斯白噪声后分解得到的残余分量。

由于每个 $x_i(t)$ 都包含了信号和附加的白噪声，因而每个独立的测试都可能会产生非常嘈杂的结果。

（3）N 次重复步骤（1）和步骤（2）。将上述对应的 IMF 分量进行总体平均运算（当 N 越大时，对应白噪声的 IMF 分量的和将越趋于 0），得到 EEMD 后的 IMF 分量为

$$c_j(t) = \frac{1}{N} \sum_{i=1}^{N} c_{ij} \tag{5.22}$$

式中：$c_j(t)$ 为利用 EEMD 对原始序列进行分解得到的第 j 个 IMF 分量。

因为高斯白噪声零均值的特性，所以经过多次平均以后，多次加入的白噪声将相互抵消，全体的均值最后将会被认为是真正的结果，唯一持久稳固的部分是信号本身。

此时 EEMD 的结果为

$$x(t) = \sum_j c_j(t) + r(t) \tag{5.23}$$

式中：$r(t)$ 为代表序列平均趋势的最终残余分量。

EEMD 方法能够将任何一个序列分解成若干个 IMF 分量和一个残余分量。最终分解得到的各 IMF 分量代表了不同频率尺度上的信息。各阶 IMF 分量经

过 Hilbert 变换可求得其对应的瞬时频率，由瞬时频率从而进一步求得其中心频率，再由中心频率就可以求得各阶 IMF 所对应的平均周期。

5.2.2 实例分析

5.2.2.1 基本资料

本节选取漳泽水库 1956—2008 年共 53 年的天然年径流序列作为研究对象，分别对目标序列进行线性拟合和多项式拟合，结果如图 5.9 所示。

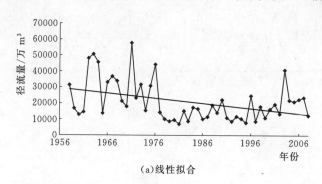

(a)线性拟合

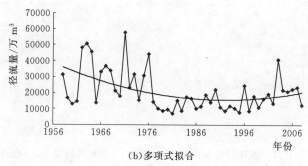

(b)多项式拟合

图 5.9　漳泽水库年径流序列及其线性拟合和多项式拟合

由图 5.9 可以看出，漳泽水库年径流序列的线性拟合呈现下降的趋势，而漳泽水库年径流序列的多项式拟合呈现先下降后微弱上升的趋势。

5.2.2.2 年径流序列的 EMD 和 EEMD 比较

运用 EMD 方法对漳泽水库年径流序列进行多时间尺度分解，取 sd 值为 0.25，得到漳泽水库年径流序列的 5 个 IMF 分量和一个趋势项分量，如图 5.10 所示；运用 EEMD 方法对漳泽水库年径流序列进行多时间尺度分解，取 $Nstd=0.2$，$NE=100$，得到漳泽水库年径流序列的 4 个 IMF 分量和一个趋势项分量，如图 5.11 所示。

从图 5.10 和图 5.11 可以看出，EEMD 保留了 EMD 的许多优点和特性：

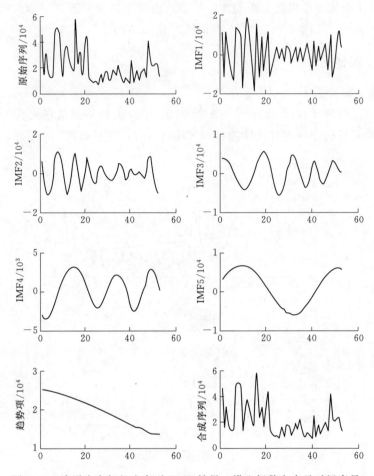

图 5.10　漳泽水库年径流序列 EMD 结果（横坐标数字表示时间序号）

①把 EMD 结果和 EEMD 结果中各自的所有 IMF 分量以及趋势项依次相加可以得到一个合成序列，这个合成序列很好地恢复了原始序列中的各种状态，由此可说明 EMD 和 EEMD 具有较高的准确性；②从幅值来看，在所有的 IMF 分量中一阶 IMF 分量的幅值变化最大，因此一阶 IMF 分量对原始序列的影响也就最大，基本上可以反映序列的主要变化成分，而随着分解过程的逐步进行，其他各阶 IMF 分量的幅值逐渐减小，对原始序列的影响也就逐渐减小；③从频率来看，随着分解过程的逐步进行，各阶 IMF 分量的频率呈现从高到低的变化，所以其周期也就呈现逐渐增大的趋势，从而得到时间尺度由小到大的多阶 IMF 分量。

对于最后分解剩下的趋势项分量，可以将其看作是 1956—2008 年的年径流量的趋势项，也可以把这个趋势项看作一个长周期成分。观察图 5.10 中的

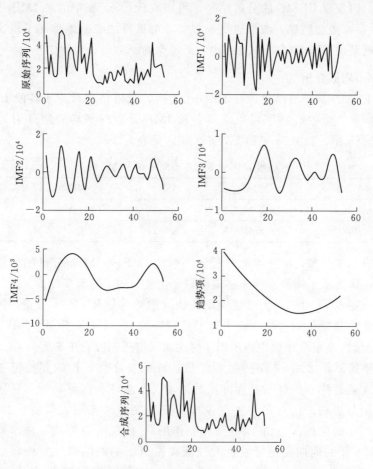

图 5.11 漳泽水库年径流序列 EEMD 结果（横坐标数字表示时间序号）

趋势项分量，可以看出趋势项呈现下降的趋势，这与图 5.9 中年径流序列的线性拟合趋势一致；再观察图 5.11 中的趋势项分量，可以看出趋势项呈现先下降后小幅上升的趋势，这与图 5.9 中年径流序列的多项式拟合趋势一致。趋势项的存在进一步说明原始序列是一个非平稳序列，对于这类非平稳序列用平稳方法进行分析显然是不合适的；而 EMD 方法和 EEMD 方法实质上就是将非平稳序列进行平稳化处理，所以，本节就是先用 EEMD 方法对非平稳的原始序列进行平稳化处理，得到一系列的 IMF 分量序列，再用 Hilbert 变换对 IMF分量进行分析计算。

从图 5.10 和图 5.11 还可以看出，EEMD 在一定程度上有效地减小了EMD 中模态混叠的程度。观察 EMD 的分解结果，可以发现图 5.10 中的一些IMF 分量包含了不同的时间尺度，也就是说 EMD 的分解结果出现了模态混叠的情况。再观察 EEMD 的分解结果，可以发现图 5.11 中的各 IMF 分量相比图 5.10 而言更加精确，波形也更加规律，可见算法有效地抑制了模态混叠问题，也就是说 EEMD 和 EMD 相比，更加明确、清晰、规律。

5.2.2.3　周期分析

对 EEMD 的分解结果进行 Hilbert 变换，可以得到对应于各阶 IMF 分量的中心频率，由中心频率可以求得各阶 IMF 分量的平均周期分别为 2.4224 年、3.8285 年、7.0898 年和 14.5851 年，见表 5.3。

表 5.3　　　　　　　　　　各阶 IMF 分量的中心频率和平均周期

模　态	IMF1	IMF2	IMF3	IMF4
中心频率/a^{-1}	0.4128	0.2612	0.1410	0.0686
平均周期/a	2.4224	3.8285	7.0898	14.5851

从表 5.3 可知，漳泽水库年径流序列的 IMF1～IMF4 分量的周期逐渐增大，再一次揭示了漳泽水库年径流序列变化复杂的多时间尺度性。

结合图 5.11 可知，大尺度周期波动（趋势分量及 IMF4 分量）控制着整个年径流序列变化的全局，而中短尺度周期波动（IMF3 分量、IMF2 分量及 IMF1 分量）在整个序列中的周期振荡比大尺度周期波动更加明显。

对于像漳泽水库 53 年的年径流量这样的长序列，影响其径流变化最主要的因素就是降水的波动，而降水的波动又受全球和区域物理与气候系统变化的控制与影响。已有的一些气象学研究表明，平流层大气变化具有 2～3 年的准两年周期振荡（由于海-气相互作用），由此可以推测漳泽水库年径流量 2.4224 年的周期变化可能是大气低频振荡影响的结果；另外，厄尔尼诺现象具有 3.5 年及 4～8 年的准周期，由此可以推测漳泽水库年径流量 3.8285 年及 7.0898 年的周期变化可能与此有关。但是，这些关系还有待进一步的研究。

5.3　基于 SSA 的径流时间序列周期分析

SSA 是一种从时间序列的动力重构出发，并与 EOF 相联系的一种统计技术，SSA 亦可以看作是 EOF 的一种特殊应用。已经有大量的研究表明，SSA 是一种针对时间序列的分析方法，它可以直接从序列数据自身来提取周期振荡规律，并且可以对其进行识别和强化，且操作便利。

SSA 是将时间序列按照给定的嵌套空间维数构造一个资料矩阵，若这个资料矩阵能够计算出明显成对的特征值，一般则可以认为这对特征值对应着该序列中的周期振荡行为。与其他分析方法相比，SSA 主要具有以下两点优势：

①基于自身数据的一种趋势估计方法，不需要其他指标数据，也不存在过度拟合等问题，十分适合于对非线性时间序列的变化进行分析；②对嵌套空间维数的限定，可以有效地对振荡的转换进行时间定位。

SSA 是近年来流行的一种时间序列处理方法，主要应用于时间范围上的信号处理方面，在生物海洋学、非线性动力学和通信技术等领域都得到了广泛应用。本节采用 SSA 方法对漳泽水库的天然年径流时间序列进行周期分析，其结果可以为漳泽水库的水资源优化配置提供科学依据。

5.3.1 理论方法

SSA 是一种广义的功率谱分析方法，它可以有效地从含有噪声的长度有限的水文时间序列中提取较多的可靠信息，并对其有强化和放大的作用。利用 SSA 方法还可以对时间序列中的周期成分进行重建，从而了解不同准周期分量的长期变率特征。SSA 的具体计算步骤如下。

（1）构造轨迹矩阵。先对原始序列进行标准化处理，得到一个样本量为 N，均值为 0 的新序列 $x_i = x(t)$，然后按给定的嵌套空间维数 m 把 x_i 构造成一个 $m \times n$ 的资料矩阵（即轨迹矩阵）：

$$\boldsymbol{x} = \begin{bmatrix} x_1 & x_2 & \cdots & x_n \\ x_2 & x_3 & \cdots & x_{n+1} \\ \vdots & \vdots & \vdots & \vdots \\ x_m & x_{m+1} & \cdots & x_N \end{bmatrix} \tag{5.24}$$

其中 $n = N - m + 1$，m 又称为窗口长度，其值要相对较大但 $m \leqslant \dfrac{N}{2}$。

（2）计算协方差矩阵。式（5.24）的滞后自协方差为一个 $m \times m$ 的矩阵，即

$$\boldsymbol{S}_{ij} = \frac{1}{n} \sum_{i=1}^{n} x_i x_{i+j} \tag{5.25}$$

其中 j 为时间滞后步长，$j = 1, 2, \cdots, m$。显然，$\boldsymbol{S}_{ij}$ 为对称阵且主对角线为同一常数，称为特普利茨（Toeplitz）矩阵。

（3）求出 T - EOF 与 T - PC。利用雅克比方法可计算出 $\boldsymbol{S}_{ij}$ 的特征值 λ_k 和相应的特征向量 $\boldsymbol{\varphi}_k^k$，特征值 λ_k 的开方值 σ_k 为奇异值。

所以，x_{i+j} 的展开式为

$$x_{i+j} = \sum_{k=1}^{m} t_i^k \varphi_j^k, i = 1, 2, \cdots, n \tag{5.26}$$

其中 φ_j^k 为时间经验正交函数，记为 T - EOF；t_i^k 为时间主分量，记为 T - PC，由式（5.27）求得

$$t_i^k = \sum_{j=1}^{m} x_{i+j} \varphi_j^k, i = 1, 2, \cdots, n \tag{5.27}$$

可见，SSA 在数学上相应于 EOF 在延滞坐标上的表达，亦可以看作是 EOF 的一种特殊应用。也就是说，与普通的 EOF 相比，T‐PC 仍是时间的函数，T‐EOF 却不再是空间的函数，而是滞后时间步长的函数。

（4）选取特征向量。将奇异值 σ_k 从大到小依次排序，并计算其方差贡献率：

$$Var_k = \frac{\sigma_k}{\sum_{i=1}^{m} \sigma_k} \times 100\% \tag{5.28}$$

根据计算出的方差贡献率来选择合适的 k 值，并以此来选取特征向量。当原始时间序列中存在一个周期成分时，则会对应存在一对 T‐PCs，它们的奇异值非常相近，并且它们在方差中所占的比重也十分相近。

（5）重构序列。将第 k 个 T‐EOF 与 T‐PC 重建构成的分量序列记为 x_i^k，由式（5.29）表示：

$$x_i^k = \begin{cases} \dfrac{1}{m} \sum_{j=1}^{m} t_{i-j}^k \varphi_j^k, m \leqslant i \leqslant n \\[2mm] \dfrac{1}{i} \sum_{j=1}^{i} t_{i-j}^k \varphi_j^k, 1 \leqslant i \leqslant m-1 \\[2mm] \dfrac{1}{N-i+1} \sum_{j=i-N+m}^{m} t_{i-j}^k \varphi_j^k, n+1 \leqslant i \leqslant N \end{cases} \tag{5.29}$$

x_i^k 为重建成分（reconstructed components，RC）。对主要的 RC 进行识别，即可提炼出原始序列中的趋势成分和振荡周期成分。

5.3.2　实例分析

5.3.2.1　年径流序列的 SSA 分析

在 SSA 方法中，最关键的一步就是如何恰当地选取窗口长度 m。因为 m 值越大则谱分辨率越灵敏，而且要求 $m \leqslant \dfrac{N}{2}$，本书窗口长度取 $m = 25$。运用 SSA 方法对漳泽水库的天然年径流序列进行分析，首先可以得到漳泽水库天然年径流序列的奇异值结果，如图 5.12 所示。

通常情况下，如果目标序列为纯粹的噪声，那么它的奇异值就会呈现出平缓的下降趋势，因此可借助这个特征来判断 SSA 分解结果的各奇异向量是否为噪声成分。从图 5.12 中可以看出，序列前 12 个奇异值存在着明显的下降趋势，因此可将其视为显著成分；而其后面的剩余部分奇异值基本为平缓变化，

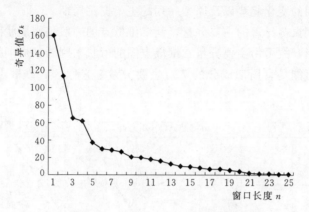

图 5.12 漳泽水库年径流序列奇异值计算结果图

因此可将其视为噪声成分。

分别计算序列前 12 个奇异值的方差贡献及其累计方差贡献，得到的结果见表 5.4。

表 5.4 漳泽水库年径流序列奇异值的方差贡献及其累计方差贡献

序号 k	1	2	3	4	5	6
σ_k	159.97	113.26	64.87	61.54	37.47	30.04
Var_k（%）	24.07	17.05	9.76	9.26	5.64	4.52
累积Var_k（%）	24.07	41.12	50.88	60.15	65.78	70.31
序号 k	7	8	9	10	11	12
σ_k	28.57	26.72	20.83	19.68	17.66	16.11
Var_k（%）	4.30	4.02	3.14	2.96	2.66	2.42
累积Var_k（%）	74.61	78.63	81.76	84.72	87.38	89.81

从表 5.4 的计算结果可以看出，序列前 12 个奇异值的累计方差贡献已占到总方差贡献的 89%以上，它们表征了漳泽水库天然年径流量时序变化的主要振荡模态。

从图 5.12 中还可以看出，3～4 组、5～6 组、6～7 组、7～8 组、9～10组、10～11 组、11～12 组奇异值的计算结果非常相近，明显成对；并且从表5.4 中也可以看出，它们在方差中所占的比重也十分相近，所以它们能计算出来一对相近的 T-PCs，也就是说可以推测由其重建而成的序列可能是具有周期成分的。

运用 SSA 方法对原始序列进行分析，可以得到一系列的时间主分量T-PCs。在其中提取显著振荡或有意义的分量进行序列重建，可以研究各重建分量随时间的变化趋势以及原始序列的主要振荡周期。

对于周期振荡显著的主要分量，其二维散点图一般呈螺旋状圈或规则多边形，或为星形，故可由主要分量二维散点图的形状来判断其周期振荡成分是否显著。对于可能具有周期成分的 7 对主要分量，它们的二维散点图如图 5.13 所示。

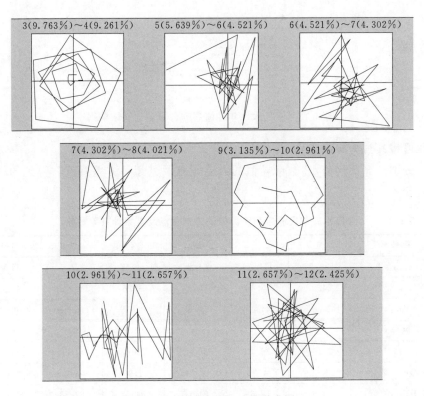

图 5.13　主要分量的二维散点图

从图 5.13 可以看出，由 3～4 组、9～10 组、11～12 组主要分量得到的二维散点图分别呈现出螺旋状圈、多边形和星形，因此可以说明由它们重建而成的序列具有显著的周期振荡成分，而其他 4 组的周期振荡则不显著。

对 SSA 分解得到的前 12 个时间主分量叠加后进行重建，并对具有趋势成分和周期成分的时间主分量成对叠加后进行重建，得到的结果如图 5.14 所示。

图 5.14（a）为原始序列，它是将漳泽水库的天然年径流序列进行标准化处理后得到的；图 5.14（b）为 T - PC1～T - PC12 的重建序列，它的比重占到原始序列的 89％以上，从图中可以看出这个重建序列较好地体现了图 5.14（a）中原始序列的主要趋势走向，由此可以说明 SSA 方法具有较高的准确性。

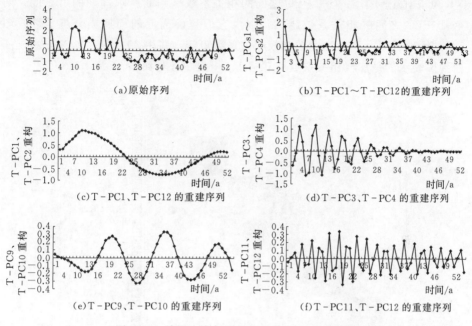

图 5.14　漳泽水库年径流序列的 SSA 重建结果

图 5.14（c）为 T‐PC1、T‐PC2 的重建序列，它在原始序列中所占的比重达 41.12%，所以说其对原始序列的影响是最大的，表征了径流时间序列的主要趋势，从图中可以看出漳泽水库年径流序列存在一个"上升‐下降‐上升"的过程。

图 5.14（d）～（f）分别为 3～4 组、9～10 组、11～12 组 T‐PCs 的重建序列，从图中可以看出这 3 组重建序列都具有显著的周期振荡成分，由此可知原始径流时间序列中存在 3 个主要的准周期振荡规律；从图中还可以看出，漳泽水库天然年径流序列的长周期变化在整个时域上表现得要比短周期变化更加平稳，且周期振幅的变化整体上具有变小的趋势。

5.3.2.2　周期分析

从表 5.4 的分析中可以得出，方差贡献率在 2.0% 以上的奇异值均为显著成分；结合图 5.14 可分别计算出各个重建序列的贡献率及其对应的准周期，结果见表 5.5。

表 5.5　　　　　　　　　各重建序列的贡献率和准周期

重建序列	T‐PC3、T‐PC4	T‐PC9、T‐PC10	T‐PC11、T‐PC12
贡献率/%	19.02	6.10	5.08
准周期/a	4.4	17.7	2.8

可以通过计算各个 T‐PC 之间的相关系数来判断所求周期的可靠度，两个 T‐PC 之间的相关系数越大，则由它们重建而成的周期成分越显著。图 5.15 为 12 个 T‐PCs 之间的加权相关系数矩阵，并用 20 个灰度级来显示。从白到黑表示的是加权相关系数从 0 到 1，相关性从弱到强。

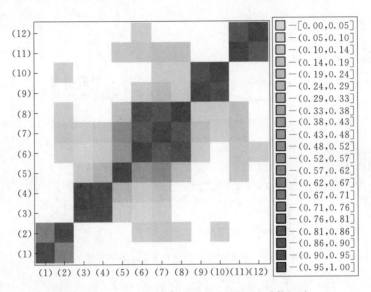

图 5.15　12 个 T‐PCs 之间的加权相关系数矩阵

从图 5.15 可以看出，T‐PC3 和 T‐PC4、T‐PC9 和 T‐PC10、T‐PC11 和 T‐PC12 之间的相关系数均在 0.80 以上，所以说由它们重建而成的序列其周期成分是显著的，据此计算得出的周期具有较高的可靠度。

对于漳泽水库 53 年的年径流量这样的长序列，影响其径流变化最主要的因素就是降水的波动，而降水的波动又受全球和区域物理与气候系统变化的控制与影响，也就是说径流的变化最终是随着物理与气候系统的变化而变化。已有的一些气象学研究表明，平流层大气变化具有 2～3 年的周期振荡（由于海‐气相互作用），由此可以推测漳泽水库年径流量 2.8 年的周期变化可能是大气低频振荡影响的结果；厄尔尼诺现象具有 3.5 年及 4～8 年的准周期波动，由此可以推测漳泽水库年径流量 4.4 年的周期变化可能与此有关。

5.3.3　结果与分析

本节以漳泽水库 1956—2008 年的天然年径流序列作为研究对象，通过分析计算得出了以下结果。

（1）在窗口长度 $m=25$ 的情况下，对漳泽水库的天然年径流序列进行 SSA 处理，通过奇异值 σ_k 和方差贡献 Var_k 的计算结果可以得知前 12 个分量的方差在原始序列中所占比重达 89.81%，并且有 7 对奇异值的计算结果非常相近，故可以推测由其重建而成的序列可能存在周期成分。

（2）T-PC1 和 T-PC2 的重建序列在原始序列中所占比重最大（41% 以上），可以反映原始时间序列的主要变化趋势为"上升-下降-上升"的过程；

（3）分析得到 7 对奇异值相近的 T-PCs，通过二维散点图可知其中有 3 对的振荡周期十分显著，它们的准周期分别为 2.8 年、4.4 年和 17.7 年，并且可以推测其演化可能与大气低频振荡、厄尔尼诺现象、太阳活动等因素有关，但是这些关系还有待进一步的研究。

（4）T-PC1~T-PC12 的重建序列很好地恢复了原始序列的各种状态，由此可以说明 SSA 方法具有较高的准确性。

（5）SSA 不需要正弦性的假定，且它对时间序列功率谱信号具有强化和放大作用，是一种研究周期振荡现象的新统计技术，十分适合于非线性、非平稳水文时间序列的周期分析。

5.4 本章小结

（1）Hilbert-Huang 变换是一种较好的非线性、非平稳过程分析方法，这种方法对于像年径流序列这样的受干扰因素多、变化规律复杂、随机成分大的非线性、非平稳水文序列有较好的分析效果。与传统的分析方法相比而言，Hilbert-Huang 变换具有更加明显的优越性。

（2）本章采用了 EMD 和 EEMD 两种方法进行比较分析，突出了 EEMD 能解决模态混叠的问题。这两种方法也能用来对非平稳序列进行平稳化处理。

（3）SSA 把序列划分成趋势成分、周期成分和噪声，把噪声（非周期的弱信号）经 SSA 处理滤去后，再对有意义的趋势分量和周期分量进行重建，可以很好地对时间序列的趋势成分和周期成分进行分析。

第6章 基于 EMD 的均生函数耦合
模型的年径流序列预测

由第 3 章时序图检验、自相关图检验、自相关函数检验、ADF 检验和 KPSS 检验结果可知，汾河上游 4 个水文站年径流序列均为非平稳时间序列。前人许多径流预测研究均是在径流序列平稳的假定下进行的，这往往导致预测精度不高，鉴于此，本书提出利用 EMD 对时间序列进行平稳化处理。EMD 可以自适应地将非平稳信号分解为多个具有物理意义的平稳固有模态函数序列，得到不同时间尺度的高、低频随机分量和趋势项。

6.1 概述

时间序列的分析预测在统计预报研究中得到了广泛应用，但大多时间序列预测模型如门限自回归模型（TAR）、自回归模型（AR）、滑动平均自回归模型（ARMA）等在做多步预测时，其预测值往往趋于均值，尤其是对极值的拟合和预测效果欠佳。在时间序列均值生成函数及其延拓矩阵的基础上，均生函数（mean generating function，MGF）依据原始序列构造出一组周期函数并对其进行延拓，通过分析原始序列与延拓周期函数之间的统计关系来建立统计预测模型，利用预测模型对历史资料进行拟合并对未来状况做出预测，该模型最大特点是不仅可以做多步外推预测，而且能够较好拟合和预测极值，具有较强的实用性。均生函数最优子集回归模型不仅对原始序列进行了周期性延拓作为备选因子，而且还对原始序列作了差分变换，保留了序列的高频信息，同时在一阶、二阶差分序列均生函数的基础上得到累加生成序列，能够对径流时间序列的趋势变化情况进行很好的拟合与预测。

逐步回归（stepwise regression，SR）分析法通过逐步地引入与剔除变量的方法优选预报因子，每一步引入与剔除均要进行检验，该方法在变量筛选方面较为理想，也是目前采用较成熟的变量筛选的方法。最优子集回归（optimum subset regression，OSR）分析法主要借助双评分准则（couple score criterion，CSC）对预报因子进行优选。最常用的最优子集回归模型筛选预测因子的方法是首先建立均生函数延拓序列与原始序列间的一元回归，计算每

一回归方程的 CSC 值，凡是 $CSC > \chi^2$ 的序列粗选为预报因子，最后 P 个均生函数延拓序列入选，再计算所有可能的 2^P 个回归子集的 CSC 值，取其中最大者作为最优的回归子集，但该方法计算量大，尤其在 P 较大的情况下，计算速度慢、占用内存大，为改善这一状况，减少计算量，本书提出首先借助逐步回归手段粗选预报因子，在此基础上运用双评分准则进一步优选预报因子，该方法大大减轻了计算机的负担，使计算效率得到很大程度的提高。

均生函数模型着眼于序列的周期特性，提出了体现不同周期长度基函数的新构思，即该函数对时间尺度显著的序列的预测效果会更佳。而 EMD 方法依据数据自身的时间尺度特征对信号进行分解，得到具有不同时间尺度的子序列，无需预先设定任何基函数，这一点与建立在先验性的谐波基函数和小波基函数上的傅里叶分解与小波分解方法具有本质性的区别，正是由于这样的特点，EMD 方法在理论上可以应用于任何类型信号的分解，因而在处理非平稳及非线性数据上，具有非常明显的优势。鉴于此，本章将 EMD 方法与均生函数模型进行耦合对汾河上游年径流序列进行预测研究。

6.2 径流序列 EMD 平稳化处理

采用 EMD 方法对汾河上游 4 个水文站年径流序列进行平稳化处理，为保证数据的完整性，在 EMD 过程中采用数据延拓的方法对两端的数据加以处理，分解结果如图 6.1 所示。

由图 6.1 可知，IMF1 频率最高，振幅最大，波长最短，首先从信号中被提取出来，其包含原始信号的高频噪声，与原始序列保持较好的一致性，包含的信息能更好地反映原序列的特征，IMF2、IMF3 代表了原径流序列的主要成分，IMF4 之后的分量变幅要比之前的分量小得多，不再是主要成分。从 IMF1 到 IMF5 频率逐渐降低，振幅逐渐减小，波长逐渐增大，其对原始时间序列的影响程度逐渐降低。EMD 方法通过信号逐步去噪和趋势剔除，实现了年径流序列的平稳化处理。经验模态分解的趋势项表明汾河上游 4 个水文站的年径流量总体呈现下降趋势。为验证该平稳化处理方法的计算精度问题，本书在分解的基础上又重新对各阶固有模态函数与趋势项进行了叠加，结果显示叠加得到的合成序列与原始序列具有很好的一致性，即 EMD 方法对径流序列进行平稳化处理的精度较高。

利用 KPSS 检验法对经 EMD 得到的各阶 IMF 的平稳性进行检验，检验结果见表 6.1。

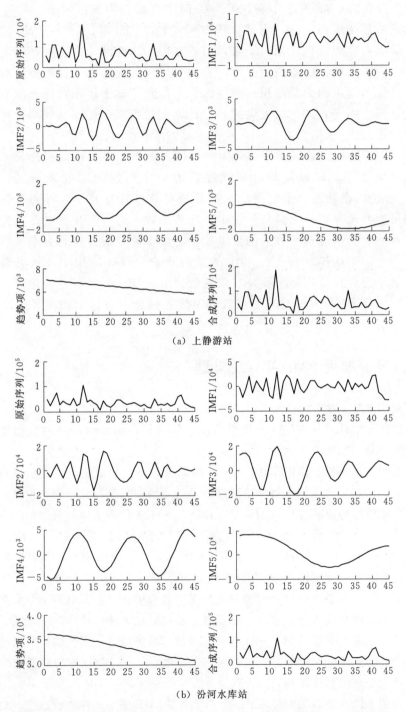

（a）上静游站

（b）汾河水库站

图 6.1（一）　汾河上游 4 个水文站 EMD 结果（横坐标数字表示时间序号）

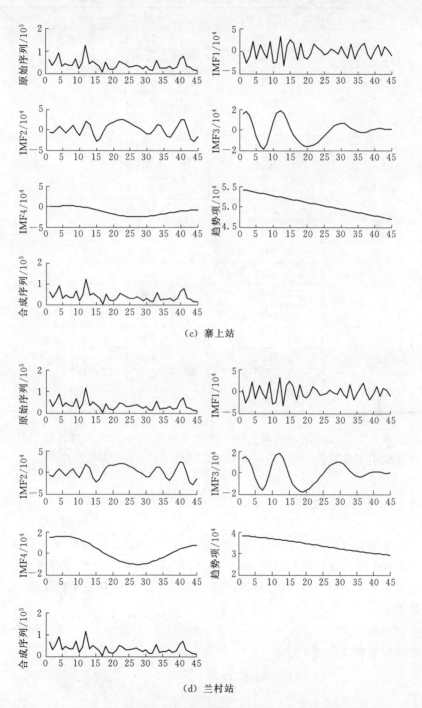

（c）寨上站

（d）兰村站

图 6.1（二） 汾河上游 4 个水文站 EMD 结果（横坐标数字表示时间序号）

表 6.1　　汾河上游 4 个水文站年径流的各阶 IMF 的平稳性检验结果

站　　点	阶　　次	LM 检验统计量	5% 临界值
上静游	IMF1	0.114494	0.463
	IMF2	0.148213	
	IMF3	0.062609	
	IMF4	0.074911	
	IMF5	0.37134	
汾河水库	IMF1	0.180423	0.463
	IMF2	0.087453	
	IMF3	0.105346	
	IMF4	0.112196	
	IMF5	0.362908	
寨上	IMF1	0.247938	0.463
	IMF2	0.119237	
	IMF3	0.096929	
	IMF4	0.335553	
兰村	IMF1	0.129332	0.463
	IMF2	0.128756	
	IMF3	0.081983	
	IMF4	0.328502	

由表 6.1 可以看出，汾河上游 4 个水文站点的年径流序列各阶 IMF 的 LM 统计量均小于临界值（0.463），所以经 EMD 后的序列为平稳序列。

6.3　均生函数模型

均生函数（MGF）既可以用来做多步预测，又能够较好地预测极值点，该方法基于时间序列周期记忆的特点，构造出一组周期函数并对其进行延拓，通过建立原始序列与这组延拓周期函数间的回归方程来构造预测模型，其建模步骤如下。

（1）$X(t) = \{X_1, X_2, \cdots, X_N\}$ 为一时间序列，其中 N 为样本的容量。计算序列均生函数为

$$X_l^0(i) = \frac{1}{n_l} \sum_{j=0}^{n_l-1} X(i+jl), i=1,\cdots,l; 1 \leqslant l \leqslant m \tag{6.1}$$

其中 $n_l = \text{INT}(n/l)$，$m = \text{INT}(N/2)$，INT 表示取整。通过计算共得到

m 个均生函数，其三角矩阵形式为

$$F=\begin{bmatrix} X_1^{(0)}(1) & X_2^{(0)}(1) & X_3^{(0)}(1) & X_m^{(0)}(1) \\ & X_2^{(0)}(2) & X_3^{(0)}(2) & X_m^{(0)}(2) \\ & & X_3^{(0)}(3) & X_m^{(0)}(3) \\ & & & X_m^{(0)}(m) \end{bmatrix} \qquad (6.2)$$

其中 $X_1^{(0)}(1)$ 是时间序列的均值，$X_2^{(0)}(i)$ 是间隔为 2 的均生函数，其余的以此类推。由以上计算过程可知，均生函数是算术平均值的扩展，是原始序列按一定的时间间隔计算均值派生而来的。

（2）视均生函数为"基函数"，对得到的均生函数进行周期性延拓得

$$f_l^{(0)}(t)=X\left[t-l\,\mathrm{INT}\left(\frac{t-1}{l}\right)\right],t=1,2,\cdots,N+p \qquad (6.3)$$

其中 p 为延拓步长，这样可得到 m 个长度为 $N+p$ 的周期序列。

（3）利用回归思想构建原始序列与均生函数间的回归方程，建立预测模型。

6.4 基于 EMD 的均生函数逐步回归耦合模型的年径流预测

6.4.1 均生函数逐步回归模型

均生函数逐步回归的基本思想是在多元回归方程的建立过程中，视自变量对因变量的显著程度，按照偏相关系数的大小逐个引进到多元回归方程中，同时对引入回归方程的每个均生函数延拓序列进行 F 值检验，影响程度显著的序列作为自变量留在方程内，不显著的将其剔除，由于新变量的引入或剔除，加上变量相互关系的存在，原来已经引入方程的自变量可能变得不显著，经 F 检验验证后要随时将其从方程中剔除，以确保每次引入新的显著性变量前回归方程中只含有对因变量有显著影响的变量。该过程需反复进行，直至方程不能再引入显著变量和不再剔除不显著变量为止，最后得到最优回归方程，将入选的均生函数外延 p 步，得到均生函数逐步回归模型的预测方程：

$$\hat{X}(n+p)=a_0+\sum_{j=1}^{k}a_jf_j(n+p),p=1,2\cdots \qquad (6.4)$$

式中：a_0、a_j 为均生函数逐步回归方程的系数；$f_j(n+p)$ 为 p 步延拓后的均生函数。

逐步回归方程中变量引入与剔除的依据：假设多元回归方程中已经引入 l 个自变量，即此时回归方程为 $\hat{y}=a_0+a_1X_1+a_2X_2+\cdots+a_lX_l$，其平方和分解式为

$$S_T(X_1,X_2,\cdots,X_l)=S_R(X_1,X_2,\cdots,X_l)+S_S(X_1,X_2,\cdots,X_l) \quad (6.5)$$

式中：$S_T(X_1,X_2,\cdots,X_l)$ 为总平方和；$S_R(X_1,X_2,\cdots,X_l)$ 为回归平方和；$S_S(X_1,X_2,\cdots,X_l)$ 为剩余离差平方和。

引入变量 X_i 后的平方和分解式为

$$S_T(X_1,X_2,\cdots,X_l,X_i)=S_R(X_1,X_2,\cdots,X_l,X_i)+S_S(X_1,X_2,\cdots,X_l,X_i)$$
$$(6.6)$$

式（6.5）和式（6.6）中的 S_T 相等，引入 X_i 后，回归平方和由 $S_R(X_1,X_2,\cdots,X_l)$ 增加到 $S_R(X_1,X_2,\cdots,X_l,X_i)$，残差平方和由 $S_S(X_1,X_2,\cdots,X_l)$ 减少到 $S_S(X_1,X_2,\cdots,X_l,X_i)$，同时

$$S_R(X_1,X_2,\cdots,X_l,X_i)-S_R(X_1,X_2,\cdots,X_l)=$$
$$S_S(X_1,X_2,\cdots,X_l)-S_S(X_1,X_2,\cdots,X_l,X_i) \quad (6.7)$$

令 $F_{li}=[S_R(X_1,X_2,\cdots,X_l,X_i)-S_R(X_1,X_2,\cdots,X_l,X_i)]/[S_s(X_1,X_2,\cdots,X_l,X_i)/(N-l-2)]$，式中：$N$ 为样本的容量；l 为已经引进的自变量个数。

适当地选取 F 检验临界值 $F_引$，当 $F_{li}>F_引$ 时，引入的自变量通过了 F 检验，则引入该自变量 X_i；相反，当 $F_{li}\leqslant F_引$ 时，不引入该自变量。

同理，剔除自变量也用同样的检验剔除步骤进行。

6.4.2　模型建立及预测

利用式（6.1）～式（6.3）分别计算汾河上游 4 个水文站年径流序列经 EMD 后的各阶 IMF（上静游站和汾河水库站为 IMF1～IMF4；寨上站和兰村站为 IMF1～IMF3）的均生函数（$m=n/2$，本书为 20 个），借助逐步回归理论建立均生函数逐步回归模型，其中上静游站和汾河水库站的 IMF5、寨上站和兰村站的 IMF4 与各自 EMD 得到的趋势项合并作为新的趋势项用直线拟合并进行预测，最后将各阶 IMF 和趋势项的拟合及预测结果进行重构得到各站点年径流量的拟合及预测结果，将基于 EMD 的均生函数逐步回归耦合模型拟合及预测结果与单独使用均生函数逐步回归模型得到的结果进行对比，如图 6.2 和表 6.2 所示。

由图 6.2 可以看出，均生函数逐步回归模型（MGF-SR 和 EMD-MGF-SR 模型）的拟合曲线与原始序列基本一致，尤其对径流量极值的拟合效果较好。由表 6.2 可知，上静游站、汾河水库站、寨上站和兰村站 MGF-SR 模型的拟合合格率分别为 85%、80%、75% 和 70%，预测合格率分别为 20%、40%、40% 和 20%，EMD-MGF-SR 模型的拟合合格率分别为 92.5%、87.5%、90% 和 85%，预测合格率分别为 80%、60%、80% 和 80%，后者的拟合与预测精度均明显高于前者，说明 EMD 方法平稳化数据的优势得到了充分发挥。基于 EMD 的均生函数逐步回归模型使径流中长期预测的精度得到了明显的提高，具有一定的参考价值。

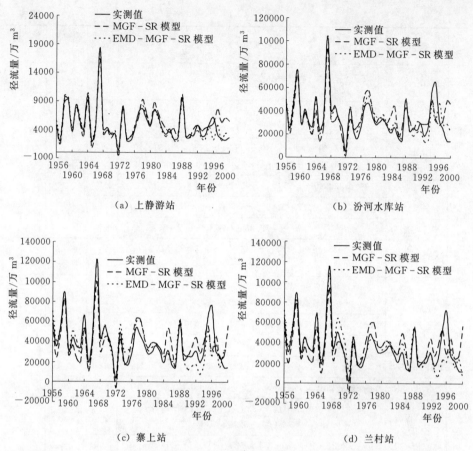

图 6.2 汾河上游 4 水文站径流量实测值和均生函数逐步回归模型拟合与预测结果

表 6.2 　　　　汾河上游 4 水文站均生函数逐步回归模型预测结果

站点	模型	回归预测方程	R^2	拟合准确率/%	预测准确率/%
上静游	MGF－SR	$y=-8305.29+0.36f_8+0.18f_{11}+0.35f_{12}+0.26f_{15}$ $+0.29f_{17}+0.41f_{19}+0.35f_{20}$	0.93	85	20
	EMD－MGF－SR	$y=228.06+0.15f_{11}+0.27f_{12}+0.22f_{13}+0.21f_{14}+0.24f_{15}$ $+0.23f_{16}+0.29f_{17}+0.27f_{18}+0.29f_{19}+0.21f_{20}$	0.98	92.5	80
		$y=114.516+0.56f_8+0.54f_{11}+0.39f_{13}+0.39f_{15}$ $+0.43f_{18}+0.40f_{20}$	0.99		
		$y=57.33+0.55f_8+0.59f_{12}+X0.48f_{14}$ $+0.38f_{18}+0.6f_{20}$	0.99		
		$y=60.23-1.42f_4+0.26f_8+0.63f_{12}+0.24f_{13}$ $+0.15f_{14}+0.24f_{16}+0.28f_{17}+0.53f_{20}$	0.10		
	IMF5＋趋势	$y=-89.67x+7325.70$	0.97		

续表

站点	模型	回归预测方程	R^2	拟合准确率/%	预测准确率/%
汾河水库	MGF – SR	$y = -37436.9 + 0.40f_{11} + 0.33f_{16} + 0.33f_{17} + 0.60f_{18} + 0.38f_{20}$	0.79	80	40
	EMD – MGF – SR	$y = 564.41 + 0.18f_{11} + 0.25f_{12} + 0.19f_{13} + 0.19f_{14} + 0.24f_{15} + 0.23f_{16} + 0.33f_{17} + 0.32f_{18} + 0.27f_{19} + 0.17f_{20}$	0.97	87.5	60
		$y = 425.18 + 0.39f_8 + 0.59f_{11} + 0.27f_{13} + 0.31f_{14} + 0.23f_{15} + 0.38f_{17} + 0.34f_{19} + 0.24f_{20}$	0.99		
		$y = -229.49 + 1.11f_8 + 0.90f_{13} + 0.26f_{19} + 0.76f_{20}$	0.97		
		$y = -5.26 - 0.30f_8 + 0.41f_{11} - 0.29f_{15} + 1.42f_{16} - 0.25f_{19}$	0.99		
	IMF5＋趋势	$y = -478.38x + 44993$	0.77		
寨上	MGF – SR	$y = -39254.6 + 0.31f_{11} + 0.39f_{12} + 0.36f_{17} + 0.51f_{18} + 0.39f_{19}$	0.78	75	40
	EMD – MGF – SR	$y = 1449.56 + 0.35f_8 + 0.24f_{14} + 0.34f_{15} + 0.28f_{17} + 0.38f_{18} + 0.46f_{19} + 0.26f_{20}$	0.97	90	80
		$y = -2481.27 + 0.53f_{11} + 0.49f_{14} + 0.34f_{17} + 0.63f_{20}$	0.89		
		$y = 939.35 + 0.84f_9 + 0.90f_{11} + 0.88f_{15}$	0.78		
	IMF4＋趋势	$y = -814.67x + 54934$	0.66		
兰村	MGF – SR	$y = -36894 + 0.32f_{11} + 0.36f_{12} + 0.37f_{17} + 0.49f_{18} + 0.40f_{19}$	0.77	70	20
	EMD – MGF – SR	$y = 2148.42 + 0.40f_8 + 0.23f_{14} + 0.31f_{15} + 0.28f_{17} + 0.38f_{18} + 0.44f_{19} + 0.30f_{20}$	0.97	85	80
		$y = -2821.67 + 0.67f_{11} + 0.52f_{14} + 0.38f_{18} + 0.56f_{20}$	0.83		
		$y = 709.24 + 0.88f_8 + 1.04f_{13} + 1.04f_{20}$	0.88		
	IMF4＋趋势	$y = -842.5x + 53293$	0.71		

6.5　基于 EMD 的均生函数最优子集耦合模型的年径流预测

6.5.1　均生函数最优子集模型

首先由式（6.1）和式（6.3）得到原始序列的均生函数，然后对原始序列 $X(t)$ 作高频滤波的一阶、二阶差分处理，以便对序列的高频部分进行较好的拟合，即在原始序列的基础上，由一阶差分运算：

$$\Delta X(t) = X(t+1) - X(t), t = 1, 2, \cdots, n-1 \qquad (6.8)$$

得到一阶差分序列：

$$X^{(1)}(t) = \{\Delta X(1), \Delta X(2), \cdots, \Delta X(n-1)\} \qquad (6.9)$$

在一阶差分序列的基础上再作差分：

$$\Delta^2 X(t) = \Delta X(t+1) - \Delta X(t), t = 1, 2, \cdots, n-2 \qquad (6.10)$$

得二阶差分序列：

$$X^{(2)}(t) = \{\Delta^2 X(1), \Delta^2 X(2), \cdots, \Delta^2 X(n-2)\} \qquad (6.11)$$

由式（6.8）和式（6.10）计算一阶、二阶差分序列的均生函数 $\overline{X}_l^{(1)}(t)$ 和 $\overline{X}_l^{(2)}(t)$，再由式（6.3）得到它们的延拓序列 $f_l^{(1)}(t)$ 和 $f_l^{(2)}(t)$。最后在一阶差分均生函数的基础上建立累加延拓序列，以便很好地拟合时间序列递增或递减的趋势，累加延拓序列建立如下：

$$f_l^{(3)}(t) = X(t) + \sum_{i=1}^{t-1} f_l^{(1)}(i+1), \quad t = 2, 3, \cdots, n, \quad l = 1, 2 \cdots \quad (6.12)$$

其中 $f_l^{(3)}(1) = X(1)$。

双评分准则定义为 $CSC = S_1 + S_2$，其中 $S_1 = (n-1)\left(1 - \dfrac{Q_l}{Q_y}\right)$ 为数量评分，n 为样本容量，l 为回归模型中变量的个数，$Q_l = \sum\limits_{t=1}^{n}(X_t - \hat{X})^2$ 为模型的残差平方和，$\hat{X}$ 为预测值，$Q_y = \sum\limits_{t=1}^{n}(X_t - \overline{X})^2$ 为模型的总离差平方和，$\overline{X}$ 为均值；$S_2 = 2I = 2\left[\sum\limits_{i=1}^{I}\sum\limits_{j=1}^{I} n_{ij}\ln n_{ij} + n\ln n - \left(\sum\limits_{i=1}^{I} n_{i\cdot}\ln n_{i\cdot} + \sum\limits_{j=1}^{I} n_{\cdot j}\ln n_{\cdot j}\right)\right]$ 为趋势评分，I 为趋势类别数。

$CSC \sim \chi^2[1 + (I-1)^2]$，$CSC_k$ 优选自变量的步骤为：$\max(CSC_k) = CSC_k$，对 CSC 进行 $\chi^2_{0.05}$ 检验，在 $CSC_k > \chi^2_{0.05}$ 时，自变量入选。

6.5.2 模型建立及预测

最常用的最优子集回归模型筛选预测因子的方法是首先建立均生函数延拓序列与原始序列间的一元回归，计算每个回归方程的 CSC 值，凡是 $CSC > \chi^2$ 的序列初选为预报因子，最后入选 P 个均生函数延拓序列，计算所有可能的 2^P 个回归子集的 CSC 值，取最大者作为最优的回归子集，但该方法计算量大，尤其在 P 较大的情况下，计算速度慢、占用内存大，为改善这一状况，减少计算量，本书提出首先借助逐步回归手段初选预报因子，在此基础上运用双评分准则进一步优选预报因子，该方法能够大大减轻计算机的负担，使计算效率得到明显的提高。

利用式（6.8）和式（6.10）计算汾河上游 4 个水文站年径流经 EMD 后的各阶 IMF 序列和各阶 IMF 一阶、二阶差分序列的均生函数，在一阶差分序列均生函数的基础上利用式（6.12）建立累加延拓序列，将生成的均生函数（每阶 IMF 得到 77 个均生函数序列）进行周期延拓，视延拓后的均生函数序列为备选因子,首先利用逐步回归理论初步筛选入选的回归因子,然后计算入选因子所有可能的子集回归,利用双评分准则最终确定出最优子集回归方程中的回归因子,对入选的回归因子进行回归建模,得到各阶 IMF 的均生函数最优子集回归预测模型;由于趋势项都呈单调递减趋势,不存在周期波动性,所以本书选用直线拟合的方法进行预测,最后将各阶 IMF 和趋势项的拟合及预测结果进行重构得到各站点年径流量的拟合及预测结果,并将其结果与单独使用均生函数最优子集回归模型的结果进行比较。为便于观察,图 6.3 画出了 MGF - OSR 模型和 EMD - MGF - OSR 模型的预测结果,预测模型及误差评定见表 6.3。

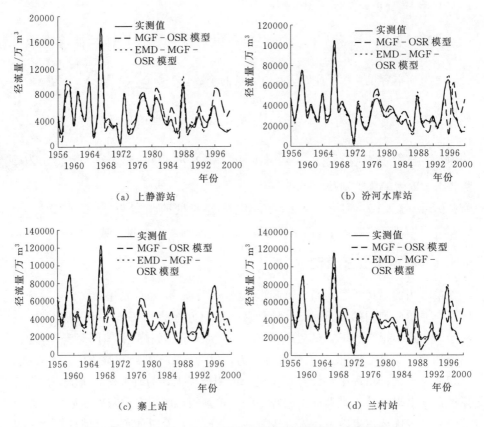

图 6.3　汾河上游 4 个水文站径流量实测值和均生函数最优子集回归模型拟合与预测结果

计算结果表明,通过改变筛选最优子集的思路,计算量得到大大减少,计算效率也得到了明显提高,这充分说明了该处理方法在提高最优子集回归模型的计算效率上具有一定的优越性。

表 6.3　汾河上游 4 个水文站均生函数最优子集回归模型预测结果

站点	模型		回归方程	CSC	R^2	拟合准确率	预测准确率
上静游	MGF-OSR		$y=-4458.3+0.36f_8^{(0)}+0.43f_{15}^{(0)}+0.56f_{17}^{(0)}$ $+0.48f_{19}^{(0)}-0.30f_{18}^{(1)}-0.12f_{15}^{(3)}$	95.69	0.90	90%	40%
	EMD-MGF-OSR	IMF1+ MGF-OSR	$y=-389.9+0.27f_{12}^{(0)}+0.48f_{17}^{(0)}+0.52f_{18}^{(0)}$ $-0.47f_{19}^{(1)}+0.35f_{19}^{(3)}$	112.42	0.94	97.50%	100%
		IMF2+ MGF-OSR	$y=44.84+0.94f_8^{(0)}+0.01f_{16}^{(0)}$ $+0.95f_{20}^{(0)}-0.42f_{11}^{(1)}$	1047.52	0.95		
		IMF3+ MGF-OSR	$y=57.33+0.55f_8^{(0)}+0.59f_{12}^{(0)}+0.48f_{14}^{(0)}$ $+0.38f_{18}^{(0)}+0.60f_{20}^{(0)}$	118.87	0.99		
		IMF4+ MGF-OSR	$y=406.4+0.95f_{19}^{(0)}+0.53f_{14}^{(3)}$	128.30	0.96		
		IMF5+ MGF-OSR	$y=32.5+0.83f_{18}^{(0)}+0.73f_{12}^{(3)}$	100.62	0.98		
	趋势		$y=-28.39x+62525$	—	1.00		
汾河水库	MGF-OSR		$y=37702+0.38f_{10}^{(0)}+0.27f_{11}^{(0)}+0.37f_{17}^{(0)}$ $+0.65f_{18}^{(0)}-0.23f_{15}^{(1)}+0.18f_{15}^{(2)}$ $-1.89f_1^{(3)}+0.51f_{15}^{(3)}$	102.54	0.90	87.50%	40%
	EMD-MGF-OSR	IMF1+ MGF-OSR	$y=490.08+0.13f_{13}^{(0)}+0.15f_{15}^{(0)}+0.34f_{17}^{(0)}$ $+0.69f_{18}^{(0)}+0.20f_{20}^{(0)}-0.28f_{19}^{(1)}$	116.02	0.94	95%	100%
		IMF2+ MGF-OSR	$y=-5857-0.53f_4^{(0)}+0.75f_8^{(0)}+0.61f_{11}^{(0)}$ $+0.48f_{14}^{(0)}+0.70f_{20}^{(0)}-5.29f_1^{(3)}$ $+0.29f_{18}^{(3)}$	111.58	0.96		
		IMF3+ MGF-OSR	$y=-229.46+1.11f_8^{(0)}+0.90f_{13}^{(0)}$ $+0.26f_{19}^{(0)}+0.76f_{20}^{(0)}$	110.81	0.97		
		IMF4+ MGF-OSR	$y=109.28+0.34f_{11}^{(0)}+0.99f_{16}^{(0)}$	111.04	0.98		
		IMF5+ MGF-OSR	$y=60.38+0.46f_{11}^{(0)}+1.32f_{18}^{(3)}$	113.22	0.99		
	趋势		$y=-132.69x+295979$	—	0.99		
寨上	MGF-OSR		$y=366870+0.33f_{11}^{(0)}+0.32f_{17}^{(0)}+0.80f_{18}^{(0)}$ $-0.28f_{19}^{(1)}-6.41f_1^{(3)}+0.24f_{15}^{(3)}$	94.12	0.86	87.50%	40%
	EMD-MGF-OSR	IMF1+ MGF-OSR	$y=-4808+0.47f_{11}^{(0)}+0.73f_{18}^{(0)}$ $-0.49f_{19}^{(1)}+0.38f_{19}^{(3)}$	110.39	0.90	92.5%	100%
		IMF2+ MGF-OSR	$y=-1923.6+0.52f_{11}^{(0)}+0.48f_{17}^{(0)}$ $+0.77f_{20}^{(0)}$	88.24	0.76		
		IMF3+ MGF-OSR	$y=939.35+0.84f_9^{(0)}+0.90f_{11}^{(0)}$ $+0.88f_{15}^{(0)}$	66.21	0.78		
		IMF4+ MGF-OSR	$y=90.3+1.10f_{11}^{(0)}+0.74f_{18}^{(0)}$	76.38	0.86		
	趋势		$y=-201.26x+433867$	—	0.99		

续表

站点	模型		回归方程	CSC	R^2	拟合准确率	预测准确率
兰村	MGF - OSR		$y=-197000+0.45f_{12}^{(0)}+0.38f_{13}^{(0)}$ $+0.31f_{14}^{(0)}+0.55f_{18}^{(0)}$ $-0.26f_{19}^{(1)}+2.85f_{1}^{(3)}$	87.60	0.90	87.50%	40%
	EMD - MGF - OSR	IMF1+ MGF - OSR	$y=536.67+0.78f_{18}^{(0)}+0.52f_{20}^{(0)}$ $-0.38f_{19}^{(1)}$	114.65	0.88	95%	100%
		IMF2+ MGF - OSR	$y=-2414.5+0.71f_{11}^{(0)}+0.55f_{18}^{(0)}$ $+0.71f_{20}^{(0)}$	80.00	0.73		
		IMF3+ MGF - OSR	$y=347.17+1.1f_{12}^{(0)}+0.95f_{20}^{(0)}$ $-1.51f_{18}^{(3)}$	89.69	0.83		
		IMF4+ MGF - OSR	$y=40.3+0.98f_{12}^{(0)}+1.02f_{18}^{(3)}$	82.74	0.94		
	趋势		$y=-218.67x+466403$	—	1.00		

由图 6.3 可以看出，基于 EMD 的均生函数最优子集耦合预测模型的拟合和预测值与实测序列相互吻合较好，一致性较高，尤其对极值的拟合效果表现得更为明显；而单一均生函数最优子集模型的拟合部分与实测序列吻合也较好，但预测部分则偏离较多，说明耦合模型的提出使径流中长期的预测精度得到了提高。

由表 6.3 可以看出，均生函数最优子集回归方程的拟合优度 R^2 较高，均在 0.7 以上，且大多数在 0.9 以上，说明回归方程拟合的较好。以距平同号率进行评价，上静游站、汾河水库站、寨上站和兰村站均生函数最优子集回归模型的拟合准确率分别为 90%、87.5%、87.5% 和 87.5%，预测准确率分别为 40%、40%、40% 和 40%；基于 EMD 的均生函数最优子集回归耦合模型的拟合准确率分别为 97.5%、95%、92.5% 和 95%，预测准确率均为 100%，后者拟合与预测准确率明显高于前者。又通过计算单一模型和耦合模型的确定性系数可得，4 个水文站径流预测的单一模型确定性系数为 0.503～0.732，而耦合模型的确定性系数为 0.975～0.993，后者的确定性系数远远高于前者，因此本书提出的基于 EMD 的均生函数最优子集耦合模型的预测精度明显高于单一模型的预测精度，具有较强的泛化能力，是提高径流中长期预测精度的一种有效方法。

6.6　本章小结

通过改变以往最优子集回归中 CSC 优选回归因子方法，使计算量在很大程度上得到了减少，计算效率也得到了提高。

基于 EMD 的均生函数逐步回归模型与基于 EMD 的均生函数最优子集回归模型相比较，由于最优子集回归模型在保留高频信息和累加生成序列方面对拟合与预测趋势优势的存在，使基于 EMD 的均生函数最优子集回归模型的拟合与预测精度高于基于 EMD 的均生函数逐步回归模型。

基于 EMD 的均生函数逐步回归模型和基于 EMD 的均生函数最优子集回归模型的拟合与预测效果明显优于单独使用均生函数模型的拟合与预测效果，这充分体现了 EMD 方法平稳化数据的优势，这两种耦合预测方法在提高径流中长期预测精度方面具有一定的参考价值。

第7章 基于 EMD 与粒子群优化算法的 Nash NBGM(1，1)耦合模型的年径流预测

灰色预测方法在水文领域得到了广泛应用，其最大优势在于原理简单、计算方便、所需样本量少。GM(1，1)模型是灰色预测中应用较多的模型，该模型能够很好地对指数型增长趋势的序列进行描述，并可得到精度较高的预测结果。但中长期径流序列具有不同的发展趋势，像 Gompertz 型和 Logistic 型增长趋势，不一定属于指数增长型，因此如果一味地利用适用于指数型增长的 GM(1，1)模型进行预测，其预测精度可能不甚理想。本章针对灰色预测模型 GM(1，1)的不足之处，将微分方程中的 Bernoulli 方程与 GM(1，1)模型加以结合得到一种新的预测模型——非线性灰色 Bernoulli 模型〔nash nonlinear grey bernoulli model，Nash NGBM(1，1)〕，该预测模型既保留了 GM(1，1)模型建模简单且需要样本少的优势，又通过合适幂函数的选择，使白化方程的解能够更好地拟合一次累加生成序列，进而提高 Nash NGBM(1，1)模型对各种非线性发展序列的预测精度。Nash NGBM(1，1)模型的预测精度很大程度上受制于该模型的参数，于是本章同时提出了优选 Nash NGBM(1，1)模型参数的粒子群优化（particle swarm optimization，PSO）算法，该方法在实现上简单，并且对具有多种约束条件的复杂函数优化比遗传算法更优越，因此它在实践中得到了广泛的应用。

作为灰色模型的 Nash NGBM(1，1)理论上适用于任何增长趋势序列的预测，而 EMD 平稳化序列的结果是得到具有不同趋势特性的各阶 IMF，因此本章尝试将 EMD 与 Nash NGBM(1，1)模型进行耦合对汾河上游 4 个水文站年径流进行预测，为径流中长期预测提供一种新的思路。

7.1 理论方法

7.1.1 Nash NGBM(1，1)模型

对于一般的非线性小样本时间序列，Nash NGBM(1，1)模型的预测性能明显优于灰色预测模型 GM(1，1)。该模型的建模步骤如下。

(1) 设原始时间序列为

$$X^{(0)} = \{x^{(0)}(1), x^{(0)}(2), \cdots, x^{(0)}(m)\} \tag{7.1}$$

(2) 计算原始序列 $X^{(0)}$ 的一阶累加生成序列：

$$X^{(1)} = \{x^{(1)}(1), x^{(1)}(2), \cdots, x^{(1)}(m)\} \tag{7.2}$$

其中

$$x^{(1)}(k) = \sum_{i=1}^{k} x^{(0)}(i), (k = 1, 2, \cdots, m)$$

式中：$X^{(1)}$ 为单调递增序列。

(3) 建立 $X^{(1)}$ 的 Bernoulli 的微分方程：

$$\frac{\mathrm{d}X^{(1)}}{\mathrm{d}t} + aX^{(1)} = b(X^{(1)})^n \tag{7.3}$$

将差分 $X^{(0)}(k) = \dfrac{\Delta X^{(1)}}{\Delta t} = X^{(1)}(k + \Delta t) - X^{(1)}(k)$ 和背景值 $X^{(1)}(k) \cong pX^{(1)}(k) + (1-p)X^{(1)}(k-1) = Z^{(1)}(k)$ ($k = 2, 3, \cdots, m$) 带入式 (7.3) 得

$$X^{(0)}(k) + aZ^{(1)}(k) = b[Z^{(1)}(k)]^n, (k = 2, 3, \cdots, m) \tag{7.4}$$

利用最小二乘估计式 (7.4) 的参数 a、b：

$$(a, b)^{\mathrm{T}} = (B^{\mathrm{T}}B)^{-1}B^{\mathrm{T}}Y \tag{7.5}$$

其中

$$B = \begin{bmatrix} -z^{(1)}(2) & [z^{(1)}(2)]^n \\ -z^{(1)}(3) & [z^{(1)}(3)]^n \\ \vdots & \vdots \\ -z^{(1)}(m) & [z^{(1)}(m)]^n \end{bmatrix}$$

$$Y = \begin{bmatrix} x^{(0)}(2) \\ x^{(0)}(3) \\ \vdots \\ x^{(0)}(m) \end{bmatrix}$$

(4) 得一阶累加生成序列的预测方程为

$$\hat{x}^{(1)}(k+1) = \left\{ \frac{b}{a} + \left\{ [x^{(0)}(1)]^{1-n} - \frac{b}{a} \right\} e^{-(1-n)ak} \right\}^{\frac{1}{1-n}} \tag{7.6}$$

(5) 由得到的拟合和预测值反累加形成原始序列的拟合与预测值：

$$\hat{X}^{(0)}(k) = \hat{X}^{(1)}(k) - \hat{X}^{(1)}(k-1) \tag{7.7}$$

7.1.2 Nash NGBM(1, 1) 模型优化

7.1.2.1 初始条件优化

GM(1, 1) 的初始条件对模型预测精度有着至关重要的影响，因此对该模型的初始条件进行优化是十分必要的。

本书利用 $x^{(1)}(1)$ 和 $x^{(1)}(m)$ 的加权总数作为该模型的初始条件，通过加权参数的优化来提高模型的预测精度。

式（7.6）中 $t=1$、$t=m$ 时分别变为 $[x^{(1)}(1)]^{1-n}=\dfrac{b}{a}+c\mathrm{e}^{-(1-n)a}$、$[x^{(1)}(m)]^{1-n}=\dfrac{b}{a}+c\mathrm{e}^{-(1-n)ma}$，则

$$q[x^{(1)}(1)]^{1-n}+(1-q)[x^{(1)}(m)]^{1-n}=$$
$$q\left[\frac{b}{a}+c\mathrm{e}^{-(1-n)a}\right]+(1-q)\left[\frac{b}{a}+c\mathrm{e}^{-(1-n)ma}\right] \tag{7.8}$$

则

$$c=\frac{q[x^{(1)}(1)]^{1-n}+(1-q)[x^{(1)}(m)]^{1-n}-\dfrac{b}{a}}{q\mathrm{e}^{-(1-n)a}+(1-q)\mathrm{e}^{-(1-n)ma}} \tag{7.9}$$

那么 Nash NGBM(1，1) 的预测模型变为

$$\hat{x}^{(1)}(k)=\left\{\frac{b}{a}+\frac{q[x^{(1)}(1)]^{1-n}+(1-q)[x^{(1)}(m)]^{1-n}-\dfrac{b}{a}}{q\mathrm{e}^{-(1-n)a}+(1-q)\mathrm{e}^{-(1-n)ma}}\mathrm{e}^{-(1-n)ak}\right\}^{\frac{1}{n-1}} \tag{7.10}$$

7.1.2.2　参数优化

Nash NGBM(1，1) 优化模型的待定系数为 a、b、n、p。为了得到最佳的预测效果，本书以未知函数为决策变量构建一个优化模型，而本模型中的参数 a 和 b 是由参数 n 和 p 决定的，因此本书只需要优化 n、p 两个参数。

$$a=\frac{\displaystyle\sum_{k=2}^{m}[z^{(1)}(k)]^{n+1}\sum_{k=2}^{m}x^{(0)}(k)[z^{(1)}(k)]^{n}-\sum_{k=2}^{m}[z^{(1)}(k)]^{2n}\sum_{k=2}^{m}x^{(0)}(k)z^{(1)}(k)}{\displaystyle\sum_{k=2}^{m}[z^{(1)}(k)]^{2n}\sum_{k=2}^{m}[z^{(1)}(k)]^{2}-\left\{\sum_{k=2}^{m}[z^{(1)}(k)]^{n+1}\right\}^{2}} \tag{7.11}$$

$$b=\frac{\displaystyle\sum_{k=2}^{m}[z^{(1)}(k)]^{2}\sum_{k=2}^{m}x^{(0)}(k)[z^{(1)}(k)]^{n}-\sum_{k=2}^{m}[z^{(1)}(k)]^{n+1}\sum_{k=2}^{m}x^{(0)}(k)z^{(1)}(k)}{\displaystyle\sum_{k=2}^{m}[z^{(1)}(k)]^{2n}\sum_{k=2}^{m}[z^{(1)}(k)]^{2}-\left\{\sum_{k=2}^{m}[z^{(1)}(k)]^{n+1}\right\}^{2}} \tag{7.12}$$

7.1.3　PSO 优化算法

PSO 算法是 1995 年 Eberhart 和 Kennedy 提出的一种基于群智能的全局优化算法。该算法首先对一群随机粒子（随机解）进行初始化，每个粒子在各自

所在空间内以一定的速度飞行，各个粒子与由目标函数决定的适应度值一一对应，粒子飞行的速度决定了它的飞行方向和距离，以目标函数为依据来判断粒子和速度的优劣，根据当前最优的粒子位置搜索最优解，其具体步骤见相关文献。

7.2 耦合模型的建立及预测

在 EMD 的基础上对各阶 IMF 建立 PSO 算法与 Nash NGBM(1，1) 方法的耦合模型，并利用该耦合模型进行预测，然后将各阶 IMF 预测结果进行重构得汾河上游 4 个水文站年径流预测值，进而将预测结果与单独运用基于 PSO 算法的 Nash NGBM(1，1) 模型的结果进行对比，对本书提出的基于 EMD 与 PSO 算法的 Nash NGBM(1，1) 耦合模型的预测效果做出评价。

7.2.1 模型参数优化

利用 Nash NGBM(1，1) 模型对汾河上游 4 个水文站年径流分解得到的各阶 IMF 进行建模，建模过程中需要优化的初始条件参数和模型参数分别为 q、p 和 n。本书利用 PSO 算法对参数进行优化，并由优化模型参数 p 和 n 根据式（7.11）和式（7.12）计算模型的另外两个参数 a 和 b，4 个水文站年径流耦合模型参数的优化及计算结果见表 7.1。

表 7.1　汾河上游 4 个水文站年径流各阶 IMF 的 Nash NGBM(1，1) 模型参数

站 点	IMF	PSO 算法优化参数			计算参数	
		q	p	n	a	b
上静游	IMF1	0.636	0.908	−0.192	0.027	7794.6
	IMF2	0.248	0.767	−0.192	0.011	9829.5
	IMF3	0.207	0.796	−0.193	0.072	2587.8
	IMF4	0.217	0.802	−0.192	0.020	6326.1
	IMF5	0.503	0.746	−0.193	0.065	8015.6
汾河水库	IMF1	0.528	0.907	−0.192	0.062	9856.1
	IMF2	0.115	0.890	−0.193	−0.020	5994.0
	IMF3	0.385	0.840	−0.192	−0.077	8705.6
	IMF4	0.153	0.782	−0.192	0.025	2314.0
	IMF5	0.510	0.971	−0.192	−0.059	4683.6

站　点	IMF	PSO 算法优化参数			计算参数	
		q	p	n	a	b
寨上	IMF1	0.050	0.846	−0.193	0.053	1309.6
	IMF2	0.116	0.713	−0.193	−0.011	1178.8
	IMF3	0.365	0.927	−0.192	0.029	7774.3
	IMF4	0.076	0.882	−0.193	−0.007	3932.7
兰村	IMF1	0.236	0.887	−0.192	−0.035	8889.3
	IMF2	0.099	0.845	−0.192	−0.010	1197.4
	IMF3	0.404	0.779	−0.192	0.024	4432.7
	IMF4	0.060	0.875	−0.192	0.038	5264.9

7.2.2　径流预测

利用建立的基于 PSO 算法的 Nash NGBM（1，1）耦合模型分别对各阶 IMF 加以拟合并进行预测，其中趋势项用多项式进行拟合并预测，最后将每个水文站各阶 IMF 和趋势项的拟合及预测结果进行耦合得各站年径流拟合及预测结果，如 7.1 图所示。

由图 7.1 可以看出，基于 EMD 的耦合模型预测系列与原始序列吻合较好，具有高度的一致性，而单一耦合模型的预测效果要略差些，这充分体现了本书提出的基于 EMD 与 PSO 算法的 Nash NGBM（1，1）耦合模型在径流预测中的优越性。

为定量评定耦合模型的预测效果，本书进一步运用合格率和确定性系数两个指标对耦合模型径流预测精度进行评价，结果见表 7.2。

由表 7.2 可以看出，上静游站、汾河水库站、寨上站和兰村站基于 PSO 算法的 Nash NGBM（1，1）模型的拟合精度分别为 82.5%、77.5%、75.0% 和 72.5%，最大只达到 82.5%，预测精度最大只有 80%，其预测确定性系数也均在 0.9 以下；而 4 个水文站基于 EMD 与 PSO 算法的 Nash NGBM（1，1）耦合模型的拟合精度均在 90% 以上，最高达到了 95%，预测精度均达到了 100%，确定性系数均在 0.98 以上，其拟合与预测精度均明显高于前者，这充分体现了 EMD 平稳化时间序列的优势，说明本书提出的基于 EMD 与 PSO 算法的 Nash NGBM（1，1）耦合模型使径流中长期预测精度有了明显提高。耦合模型综合了 EMD、PSO 算法以及 Nash NGBM（1，1）模型的优点，具有误差变化平稳、泛化能力强、预测精度高等特点且避免了单一模型不稳定和预测

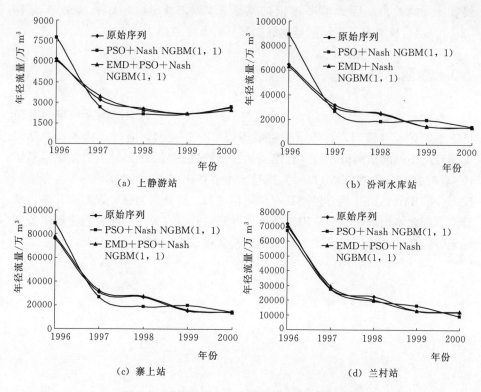

图 7.1 汾河上游 4 个水文站耦合模型预测结果

表 7.2 汾河上游 4 个水文站年径流拟合及预测评定指数

站点	标准	序列	模　型	
			PSO＋Nash NGBM(1，1)	EMD＋PSO＋Nash NGBM(1，1)
上静游	合格率	拟合	82.5％	95％
		预测	80％	100％
	确定性系数	预测	0.875	0.987
汾河水库	合格率	拟合	77.5％	92.5％
		预测	60％	100％
	确定性系数	预测	0.833	0.994
寨上	合格率	拟合	75.0％	92.5％
		预测	60％	100％
	确定性系数	预测	0.830	0.999
兰村	合格率	拟合	72.5％	90％
		预测	60％	100％
	确定性系数	预测	0.883	0.996

误差过大的缺点。因此本书提出的基于 EMD 与 PSO 算法的 Nash NGBM（1，1）耦合模型对径流预测精度的提高具有重要意义。

7.3　本章小结

本章利用基于 EMD 与 PSO 算法的 Nash NGBM（1，1）耦合模型对各阶 IMF 进行建模并预测，趋势项利用多项式拟合并预测，通过重构各预测结果得到径流序列的预测值，该耦合模型的预测精度达到了 100%，明显优于基于 PSO 算法的 Nash NGBM（1，1）模型。本书提出的基于 EMD 与 PSO 算法的 Nash NGBM（1，1）耦合模型具有预测精度高、泛化能力强、误差变化平稳的特点，因此将该耦合模型应用于径流预测是可行、有效的，能够为流域水资源规划、跨流域调水以及水利水运工程运行管理提供依据。

第8章 基于 EMD 混沌−最小二乘支持向量机耦合模型的年径流预测

受降水、蒸发、产汇流、地形、地貌、流域下垫面和人类活动的综合影响，径流表现出一定的非线性、非平稳特性，具备了产生混沌的基础条件——内在随机性和对初始条件的敏感性。近年来，混沌理论在水文领域研究中已得到了一定发展，当前已经有很多研究表明水文时间序列具有一定的混沌特性，水文时间序列的预测可以借助混沌预测方法。混沌特性的水文时间序列预测是建立在 Takens 提出的嵌入定理和相空间重构理论基础上的，相空间重构原理本身并不关心时间序列是否具有非平稳性，已经证明只要系统本身含有混沌吸引子，通过选择合适的参数进行相空间重构，混沌吸引子一定可以被重构出来，但是信号非平稳性会对参数的选择产生影响，已有大量文献对该方面进行了考虑，但这些文献大多采用的是一阶差分处理方式，然而一阶差分处理后的序列并不一定是平稳序列，鉴于此本书引入 EMD 方法对混沌序列进行平稳化处理。EMD 方法能够把非平稳的序列经过特定的分解转变为平稳序列，并且其自身的特性在分解的过程中能够被保留下来，正是由于 EMD 方法的这种自适应特性，近年来该方法在水文、气象、计量统计学等领域得到广泛应用。

混沌序列表现出同随机噪声一样的混乱无序，大多数的混沌序列具有连续的宽带的功率谱，这说明了它们与随机噪声具有相似的线性统计特征，因此传统的线性时间序列处理的手段用于分析混沌序列是不足的，它不可能为动力系统提供必要特征，从而不可能真正地认识序列产生的机制。混沌时间序列在相空间重构的基础上，借助于相空间，传统的动力预测模式和统计预测模式可移植到混沌预测模式中，近年来兴起的非线性预测模型，与混沌预测模式相结合后，可发挥更大优势。人工神经网络法常被用于非线性、非平稳时间序列的预测，然而神经网络的结构过于复杂并且难以进行选择，对于需要估计的模型参数相对较少的数据样本长度来说显得太多，导致所有得到的模型易陷入局部极值点、外插能力弱，并且容易产生过拟合情况，即模型的泛化能力不够，从而使模型的预测效果欠佳，在实际中应用受到了限制。近年来，支持向量机算法在人工智能技术领域中广受关注，该方法通过把一维空间的非平稳、非线性序列映射到高维空间，将蕴含在非平稳、非线性序列中的动力学特征充分挖掘出来。最小二乘支持向量机（least square support vector machine，LSSVM）模型是以统计学习中的结构风险最小原理和 VC 维理论在有限样本条件下的实现，与传统的神经网络方法相比，LSSVM 方法中传统的经验风险被最小结构风险所替代，通过对一个问题进行二次型寻优，得到全局最优点，使得神经网络方法中无法避免局部极小值的问题得以解决；支持向量拓扑结构取决于支持向量机模型，巧妙避免了神经网络拓扑结构经验试凑的问题。同时，LSSVM 能够以任意的精度逼近任意的函数，且有比较好的泛化能力。支持向量机在水文中的应用已得到了初步的进展，Liong 已将 SVM 应用于水文预报中，林剑艺等已将 SVM 成功应用于中长期的径流预报，李庆国等借助模糊式识别核函数的支持向量机回归方法对冰凌进行了预测。然而前人的研究仅仅着眼于单一方法的预测模型，其预测精度往往不甚理想，鉴于此，本书将 EMD 平稳化理论、混沌理论以及支持向量机理论加以耦合，充分挖掘 3 种方法在径流预测中的优势，为径流的中长期预测提供一种新的思路。

8.1　径流序列的混沌特性分析

8.1.1　相空间重构

20 世纪 80 年代 Takens 和 Packard 等提出一种相空间重构方法，该方法通过引入两个重要参数（嵌入维数和延迟时间），将一维空间中的时间序列转移到高维空间中，力求在高维空间中重构原动力学系统。给定一水文时间序列 $\{x(t), t=1,2,\cdots,n\}$，恰当地引入延迟时间和嵌入维数，得到 m 维相空间的一个相型分布，即

$$y_i = \{x_i, x_{i+\tau}, x_{i+2\tau}, \cdots, x_{i+(m-1)\tau}\} \tag{8.1}$$

式中：τ 为延迟时间；m 为嵌入维数。

y_i 为 m 维相空间中的一个相点，系统在 m 维相空间中的演化轨迹由 $[n-(m-1)\tau]$ 个相点的连线描述出来。确定延迟时间 τ 和嵌入维数 m 是建立水文现象相空间的关键，在相空间重构理论中没有对 τ 做出特定限制，但在实际应用中，τ 值不宜太小，也不宜太大。因为如果 τ 值过小，会由于重建动力系统相轨道间的相关性过强，而将相轨道挤压到对角线上，导致系统的动力特征不能被充分揭露出来；如果 τ 值过大，系统中前后时刻的状态在因果关系上将不再存在关联，这将导致轨道上相邻的点投影不到相关的方向上，使简单的轨道变得极其复杂，同时也会引起可利用有效样本点数的减少。根据嵌入定理，只要 $m \geqslant 2D+1$ 就能将 D 维的吸引子揭示出来，但在实际的应用中，m

值不宜过小，也不宜过大。因为如果 m 值过小，动力系统的吸引子将无法容纳到嵌入空间中去，从而导致重构得到的相空间不能够全面揭示水文系统的动力特性；如果 m 值过大，将使可利用的样本数量减少，重构相空间中的点数将会变得过于稀疏，甚至会因为维数的多余导致噪声干扰现象的引入，从而造成预测误差的增大。

常用来确定相空间重构中嵌入维数 m 和延迟时间 τ 的方法主要有互信息法、自相关函数法、关联积分法（C-C 方法）和复自相关函数法等，本书利用互信息法和虚假临近点法分别对延迟时间 τ 和嵌入维数 m 两个参数进行优选。

8.1.2 混沌特性识别

混沌特性的识别，对于认识径流系统变化的本质规律以及构建准确的预测模型对该系统的变化来进行刻画具有十分重要的理论意义。径流系统是一个极其复杂的非线性、非平稳系统，对其输出的观测序列，在进行相空间重构的基础上，判断径流时间序列是否具有混沌特性，来认识径流系统的运动特征和规律，作为预测模型建立的基础。本书采用最大李雅普诺夫（Lyapunov）指数法对汾河上游经 EMD 后的径流序列的混沌特性进行识别。

8.2 混沌-最小二乘支持向量机模型

支持向量机模型借助定义了适当核函数的非线性映射，将时间序列从计算复杂的一维线性不可分空间转化到计算非线性变换点积问题的高维线性可分空间上，这种转化使计算得到了大大简化，在此基础上，利用结构风险最小化原则在这个高维空间中求取最优分类面。

该方法依据结构风险最小化原则，在避开传统方法"过拟合"问题的同时最大限度地提高了模型的泛化能力。其基本思路为：已知一组训练集 $D=\{(x_1,y_1),\cdots,(x_i,y_i),\cdots,(x_l,y_l)\}$，找出一个基于训练集 D 且逼近未知回归函数的函数 $f(x)=\omega^{\mathrm{T}}\varphi(x)+b$。非线性问题的解决方法是借助样本空间的一个非线性映射 $\varphi(x)$，将原始序列从一维空间映射到高维空间中去，然后将其转化为线性回归问题进行求解。估计函数 $f(x)$ 表示为

$$f(x)=\omega^{\mathrm{T}}\varphi(x)+b \tag{8.2}$$

式中：ω 为权向量，$\omega\in R^n$；x 为输入样本，$x\in R^n$；b 为偏差，$b\in R$。在结构风险最小原则的指导下，全面考虑拟合误差和函数的复杂程度，回归问题可以转化为以下约束优化问题：

$$\left.\begin{array}{ll} \min\limits_{\omega,b,e} & \dfrac{1}{2}\parallel\omega\parallel^2+\dfrac{\gamma}{2}\sum\limits_{i=1}^{n}e_i^2 \\ \text{s.t.} & y_i=\omega^{\mathrm{T}}\varphi(x_i)+b+e_i,i=1,2,\cdots,n \end{array}\right\} \tag{8.3}$$

式中：γ 为正则化参数。

为解式（8.3）约束优化问题，需要把有约束优化问题转化为无约束优化问题，为此引入 Lagrange 函数：

$$L(\omega,b,e,a)=J(\omega,e)-\sum_{i=1}^{n}\alpha_i[\omega^{\mathrm{T}}\varphi(x_i)+b+e_i-y_i] \tag{8.4}$$

式中：α_i 为 Lagrange 乘子。

由 Karush - Kuhn - Tucher（KKT）最优条件，并消去 e_i 和 ω 后，得到如下线性方程组：

$$\begin{bmatrix} 0 & e^{\mathrm{T}} \\ e & GG^{\mathrm{T}}+\dfrac{I}{C} \end{bmatrix} \begin{bmatrix} b \\ a \end{bmatrix} = \begin{bmatrix} 0 \\ y \end{bmatrix} \tag{8.5}$$

$$y=(y_1,y_2,\cdots,y_n)^{\mathrm{T}}$$
$$a=(a_1,a_2,\cdots,a_n)^{\mathrm{T}}$$
$$G=[\varphi(x_1)^{\mathrm{T}},\varphi(x_2)^{\mathrm{T}},\cdots,\varphi(x_N)^{\mathrm{T}}]$$

式中：e 为 $n\times1$ 向量；I 为 $n\times n$ 单位向量。

则 LSSVM 算法中的优化问题就被转化为了解线性方程组的问题，即

$$y=\sum_{i=1}^{n}\alpha_i K(x,x_i)+b \tag{8.6}$$

式中：$K(x,x_i)$ 为满足 Mercer 条件的任意对称的核函数。

本书采用径向基核函数（RBF）：

$$K(x,x_i)=\exp\left(\dfrac{\parallel x-x_i\parallel^2}{\sigma^2}\right) \tag{8.7}$$

a 和 b 通过最小二乘式（8.4）求得，这样便得到了 LSSVM 模型，最后利用 LSSVM 模型对非线性函数进行回归：

$$f(x)=\sum_{i=1}^{n}\alpha_i K(x,x_i)+b \tag{8.8}$$

在相空间重构的基础上，对支持向量机模型加以训练，便得到 t 时刻支持向量机的第一步预测模型：

$$\hat{x}_{t+1}=\sum_{i=1}^{n-(m-1)\tau}(\alpha_i-\alpha_i^*)K(x_i,x_{i_t})+b \tag{8.9}$$

其中　　　　　　$x_{i_t}=\{x(t),x(t+\tau),\cdots,x[t+(m-1)\tau]\}$

令 $x_t=x(t)$，则相空间重构的第 $t+1$ 个点为

$$x_{i_{t+1}} = \{\hat{x}_{t+1}, x(t+\tau), x(t+2\tau), \cdots, x[t+(m-2)\tau]\} \tag{8.10}$$

再根据式（8.8）便可得到第 $t+2$ 点的预测值：

$$\hat{x}_{t+2} = \sum_{i=1}^{n-(m-1)\tau} (\alpha_i - \alpha_i^*) K(x_i, x_{i_{t+1}}) + b \tag{8.11}$$

以此类推，得到第 p 步预测模型为

$$\hat{x}_{t+s} = \sum_{i=1}^{n-(m-1)\tau} (\alpha_i - \alpha_i^*) K(x_i, x_{i_{t+s-1}}) + b \tag{8.12}$$

则

$$x_{i_{t+s-1}} = \{\hat{x}_{t+s-1}, \cdots, \hat{x}_{t+1}, \cdots, x[t+(m-s+2)\tau]\}$$

8.3　径流序列相空间重构与混沌特性识别

分析径流时间序列时，不论是确定性时间序列，或是随机时间序列，多数情况都是假设时间序列具有某种平稳特性，然而，水文时间序列由于呈现明显的趋势或季节特性，大多不是平稳序列。相空间重构理论本身并不关心径流时间序列是否平稳，只要系统本身包含混沌吸引子，就可以通过选择合适参数的相空间重构将混沌吸引子重构出来，但是信号非平稳性会影响参数的选择，如果径流时间序列具有非平稳特性，那么相空间重构方法就会具有一定的鲁棒性。因此，在进行相空间参数选择前要对时间序列进行平稳化处理。本书利用EMD方法对汾河上游4个水文站年径流序列进行平稳化处理，在此基础上对时间序列的平稳特性进行识别。

8.3.1　延迟时间的确定

目前确定延迟时间 τ 的主要方法有自相关函数法、平均位移法、复自相关函数法以及互信息法等。自相关函数法主要用来衡量连续时间序列间的线性相关性，对非线性系统相关关系识别的有效性不够；平均位移法判断准则的选取具有一定的任意性，缺乏理论依据；以 Shannon 信息熵为基础的互信息法，不仅可以计算变量间的相关性，而且还可以对变量间的整体依赖性进行度量，该方法既能用于识别线性相关性又能用于识别非线性相关性，因此本书选用互信息法来优选延迟时间 τ。

由图 8.1 可以看出，上静游站的 IMF1、IMF2、IMF3、IMF4 和 IMF5 的互信息 $I(t)$ 分别在 $\tau=1$、$\tau=1$、$\tau=2$、$\tau=4$ 和 $\tau=1$ 处第一次降到了极小值 $\tau_{\min}$，所以上静游站 IMF1、IMF2、IMF3、和 IMF4 的延迟时间分别为 1、1、2、4 和 1。

同理，可得汾河水库站、寨上站和兰村站的延迟时间，见表 8.1。

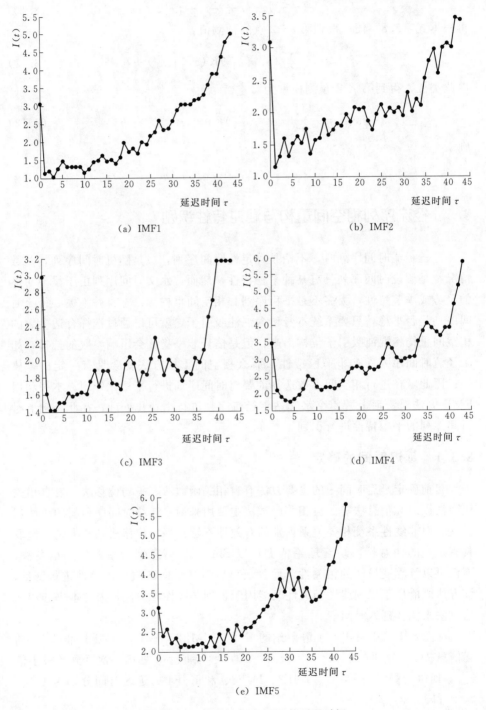

图 8.1 上静游站各阶 IMF 的延迟时间

表 8.1　　汾河水库站、寨上站和兰村站延迟时间

站　　点	IMF	延迟时间 τ
	IMF1	1
	IMF2	1
汾河水库	IMF3	3
	IMF4	3
	IMF5	2
	IMF1	1
寨上	IMF2	2
	IMF3	2
	IMF4	1
	IMF1	1
兰村	IMF2	2
	IMF3	2
	IMF4	2

8.3.2　嵌入维数的确定

目前，确定嵌入维数的主要方法有饱和关联维数法、临近点维数法、虚假临近点法以及改进虚假临近点法等，其中饱和关联维数法需要的样本容量较大；虚假临近点法在识别虚假临近点时会因阈值选取的不同，导致结果的不同。因此，本书选用改进的虚假临近点法对汾河上游 4 个水文站各阶 IMF 的嵌入维数进行确定，定义

$$a(i,m) = \frac{\| x_{\eta(i)} - x_i \|_{\infty}^{(m+1)}}{\| x_{\eta(i)} - x_i \|_{\infty}^{m}} \tag{8.13}$$

这里用 L_{∞} 范数，记 $a(i,m)$ 关于 i 的均值为

$$E(m) = \frac{1}{N - m\tau} \sum_{i=1}^{N-m\tau} a(i,m) \tag{8.14}$$

则

$$E_1(m) = \frac{E(m)}{E(m+1)} \tag{8.15}$$

在实际计算中，$E_1(m)$ 会在某一 m 处停止变化。为解决这一问题又定义

$$E^*(m) = \frac{1}{N - m\tau} \sum_{i=1}^{N-m} | x_{\eta(i)+m\tau} - x_{i+m\tau} | \tag{8.16}$$

记

$$E_2(m) = \frac{E^*(m)}{E^*(m+1)} \tag{8.17}$$

若时间序列为随机序列，则对任何 m，$E_2(m)$ 将等于 1；若时间序列为

确定序列，则 $E_2(m)$ 与 m 无关。因此，一般同时计算 $E_1(m)$ 和 $E_2(m)$ 为确定最小嵌入维数。

由图 8.2 可以看出，上静游站 IMF1、IMF2、IMF3、IMF4 和 IMF5 的 $E_1(m)$ 分别在 $m=2$、$m=5$、$m=4$、$m=6$ 和 $m=6$ 时停止增长，所以上静游站 IMF1、IMF2、IMF3、IMF4 和 IMF5 的嵌入维数分别为 2、5、4、6 和 6。

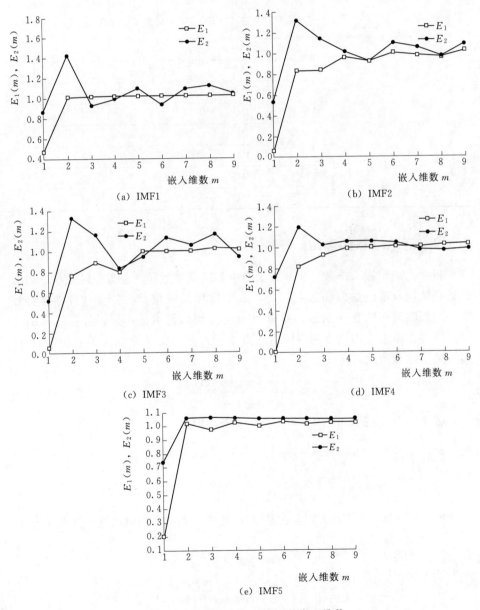

图 8.2 上静游站各阶 IMF 的嵌入维数

同理，可得汾河水库站、寨上站和兰村站的嵌入维数，见表8.2。

表 8.2 汾河水库站、寨上站和兰村站嵌入维数

站　　点	IMF	嵌入维数 m
汾河水库	IMF1	7
	IMF2	7
	IMF3	6
	IMF4	5
	IMF5	4
寨上	IMF1	7
	IMF2	7
	IMF3	3
	IMF4	4
兰村	IMF1	7
	IMF2	7
	IMF3	4
	IMF4	4

8.3.3 混沌特性识别

混沌特性识别的主要方法有相图法、饱和关联维数法、功率谱法、最大李雅普诺夫（Lyapunov）指数法和 Kolmogorov 熵法等，本书利用最大 Lyapunov 指数法来对汾河上游经 EMD 的径流时间序列进行混沌特性的识别。

利用最大 Lyapunov 指数法来对汾河上游经 EMD 的径流时间序列进行混沌特性的识别，需要确定各阶 IMF 的平均周期，利用 Hilbert 变换计算各阶 IMF 的平均周期，其结果见表 8.3。

利用最大 Lyapunov 指数法来对汾河上游经 EMD 的径流时间序列进行混沌特性的识别，计算结果见表 8.4。

由表 8.4 可以看出，上静游站、汾河水库站、寨上站和兰村站的各阶 IMF（除上静游站、汾河水库站的 IMF5 和寨上站、兰村站的 IMF4 外）的 Lyapunov 指数 λ_1 均大于 0，表明该 14 个序列均具有混沌特性。由于上静游站、汾河水库站的 IMF5 和寨上站、兰村站的 IMF4 的周期都达到了 23，而时间序列本身只有 45 年的长度，因此利用最大 Lyapunov 指数法研究其混沌特性失效，本书尝试用功率谱法对上静游站、汾河水库站的 IMF5 和寨上站、兰村站的 IMF4 进行混沌特性识别。

表 8.3　汾河上游 4 个水文站年径流 EMD 的各阶 IMF 平均周期

站　　点	IMF	平均周期 p/a
上静游	IMF1	3
	IMF2	4
	IMF3	4
	IMF4	8
	IMF5	23
汾河水库	IMF1	7
	IMF2	7
	IMF3	6
	IMF4	5
	IMF5	23
寨上	IMF1	7
	IMF2	7
	IMF3	3
	IMF4	23
兰村	IMF1	7
	IMF2	7
	IMF3	4
	IMF4	23

表 8.4　汾河上游 4 个水文站的 Lyapunov 指数

站　　点	IMF	Lyapunov 指数 λ_1
上静游	IMF1	0.1131
	IMF2	0.1604
	IMF3	0.1008
	IMF4	0.0404
	IMF5	—
汾河水库	IMF1	0.0909
	IMF2	0.0422
	IMF3	0.0226
	IMF4	0.1681
	IMF5	—

续表

站　　点	IMF	Lyapunov 指数 λ_1
寨上	IMF1	0.01
	IMF2	0.1685
	IMF3	0.1685
	IMF4	—
兰村	IMF1	0.1634
	IMF2	0.0172
	IMF3	0.1404
	IMF4	—

　　由图 8.3 可以看出，汾河上游 4 个水文站最后一阶 IMF 的功率谱均只有单峰，说明该 4 个序列均不具有混沌特性。

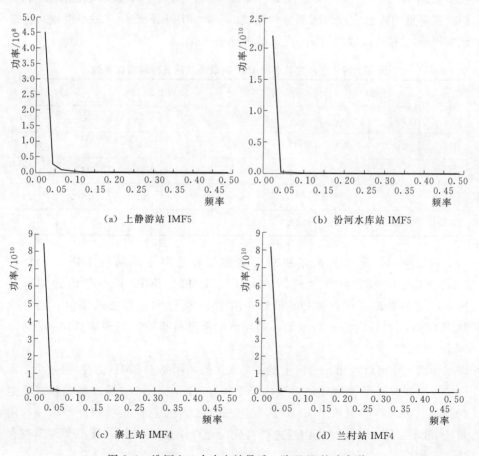

（a）上静游站 IMF5　　　　　　　　（b）汾河水库站 IMF5

（c）寨上站 IMF4　　　　　　　　　（d）兰村站 IMF4

图 8.3　汾河上 4 个水文站最后一阶 IMF 的功率谱

综上所述，上静游站和汾河水库站的 IMF1、IMF2、IMF3、IMF4 以及寨上站和兰村站的 IMF1、IMF2、IMF3 具有混沌特性，而 4 个水文站最后一阶IMF 不具有混沌性。

8.4　模型建立及预测

经相空间重构后得到 37 个数据，将前 32 个重构数据作为训练数据，后 5个重构数据作为检验数据。由式（8.1）构造的学习样本对最小二乘支持向量机模型进行训练，最小二乘支持向量机模型参数包括 C、ε 和 σ，其中参数 ε决定着支持向量机的个数以及模型的泛化性能，其值越大，支持向量机个数越少，模型精度越差，综合实际情况，本书参数 ε 取 0.001；C 和 σ 共同控制模型的复杂程度、拟合和预测精度，本书采用枚举法来优选惩罚因子 C 和核函数参数 σ，训练时，事先确定核函数参数 σ 和惩罚因子 C 的取值范围按 4：1的比例将重构数据分成训练部分和测试部分，利用 BIC 准则（最小准则）优选惩罚因子 C 和核函数参数 σ。优选结果见表 8.5。

表 8.5　　汾河上游 4 个水文站各阶 IMF 的最小二乘支持向量机参数

项目	上静游站		汾河水库站		寨上站		兰村站	
	C	σ	C	σ	C	σ	C	σ
IMF1	625.2	0.1	137.3	117.2	44.7	0.7	500.0	18.9
IMF2	316.0	49.2	118.6	36.1	584.3	35.9	646.5	43.9
IMF3	68.1	7.2	77.2	8.7	874.0	431.6	420.0	43.4
IMF4	18.1	8.3	52.3	5.7	—	—	—	—

利用最小二乘支持向量机对上静游站和汾河水库站的 IMF1、IMF2、IMF3、IMF4，寨上站和兰村站的 IMF1、IMF2、IMF3 进行建模并加以预测，利用多项式对 4 个水文站最后一阶 IMF 进行拟合并加以预测，趋势项利用 GM（1，1）模型进行预测，将预测结果进行重构，其预测结果如图 8.4所示。

由图 8.4 可以看出，汾河上游 4 个水文站采用基于 EMD 的混沌–最小二乘支持向量机模型的预测效果明显优于单独运用混沌–最小二乘支持向量机模型的预测效果，将运用基于 EMD 的混沌–最小二乘支持向量机模型与单独运用混沌–最小二乘支持向量机模型进行对比，允许误差取 20％，其拟合与预测合格率见表 8.6。

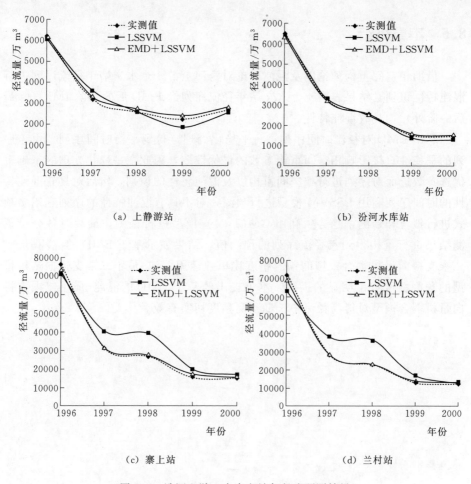

（a）上静游站　　　　　　　　　　（b）汾河水库站

（c）寨上站　　　　　　　　　　　（d）兰村站

图 8.4　汾河上游 4 个水文站年径流预测结果

表 8.6　汾河上游 4 个水文站混沌-最小二乘支持向量机模型拟合与预测合格率

模　型	上静游站		汾河水库站		寨上站		兰村站	
	拟合	预测	拟合	预测	拟合	预测	拟合	预测
LSSVM	61%	100%	65%	100%	68%	40%	58%	40%
EMD+LSSVM	97%	100%	97%	100%	97%	100%	97%	100%

由表 8.6 可以看出，基于 EMD 的混沌-最小二乘支持向量机模型的上静游站、汾河水库站、寨上站和兰村站 1996—2000 年的年径流量的预测合格率明显高于单独运用混沌-最小二乘支持向量机模型预测的结果，说明采用 EMD+LSSVM 模型后，年径流的预测精度有了明显的提高。

8.5　本章小结

借助相空间重构理论以及混沌理论对汾河上游 4 个水文站年径流序列进行混沌特性识别，结果表明 4 个水文站年径流序列经 EMD 后的各阶 IMF（除最后一阶外）均具有混沌特性。

利用 EMD 对径流时间序列进行平稳化处理，得到平稳时间序列。由于序列的平稳性直接影响相空间重构参数的最优选取，因此在平稳化处理的基础上优选参数进而对序列进行相空间重构以及混沌特性的识别，然后对具有混沌特性的时间序列利用 LSSVM 模型进行预测，对不具有混沌特性的序列利用多项式进行拟合和预测，趋势项利用 GM(1，1) 模型进行预测，最后对各分量预测结果进行重构得到年径流序列的预测值，结果显示基于 EMD 的混沌–最小二乘支持向量机耦合模型的预测精度比单独运用混沌–最小二乘支持向量机模型的预测精度有了明显的提高，本书提出的基于 EMD 的混沌–最小二乘支持向量机耦合模型对提高径流中长期预测精度切实有效。

第9章 基于 EEMD 的 AR 耦合模型的年径流预测

EMD 能够自适应地处理非平稳信号，在序列的平稳化处理方面具有独特的优势，目前国内外基于 EMD 的预测方法已取得了初步进展，主要有 EMD-ANN 模型、EMD-RBF 模型、EMD-SVM 模型、EMD-LSSVM 模型、EMD-RVM 模型等组合方法，这些组合预测方法较单一预测方法的预测精度均有明显提高。然而当时间序列不是纯的白噪声时，EMD 会出现模态混叠（mode mixed）现象，使 IMF 分量缺乏实际的物理意义。鉴于此，本章提出了基于 EEMD 的 AR 模型预测方法，该方法既保留了 EMD 对序列进行平稳化的功能，有效避免 EMD 模态混叠问题的出现，保证了 IMF 分量实际的物理意义，又能充分发挥 AR 模型对平稳时间序列有效预测的优势，对提高径流中长期预测精度具有重要的理论意义。

9.1 自回归（AR）模型

AR(p) 模型适用于平稳时间序列，其表达式为

$$X_t = \mu + \varphi_1(X_{t-1} - \mu) + \varphi_2(X_{t-2} - \mu) + \cdots + \varphi_p(X_{t-p} - \mu) + \varepsilon_t \quad (9.1)$$

式中：X_t 为平稳随机序列；μ 为 X_t 的均值；φ_1，φ_2，$\cdots$，φ_p 为自回归系数；p 为自回归阶数；ε_t 为均值 0、方差为 σ_ε^2 的独立随机变量。

模型中的阶数 p 由 AIC（akaike information criterion）准则确定，表达式为

$$\text{AIC}(p) = n\ln\sigma_\varepsilon^2 + 2p \quad (9.2)$$

式中：n 为实测序列的长度；σ_ε^2 为残差的方差；p 为模型的阶数。

9.2 模型建立与预测分析

本章利用 EEMD 对汾河上游 4 个水文站 1956—2000 年（共 45 年）的年径流量序列进行平稳化处理，得到不同时间尺度的固有模态函数和趋势项，然后运用 AR 模型对 1956—1995 年（40 年）各阶 IMF 分量进行建模，并对 1996—2000 年（5 年）各阶分量加以预测，趋势项用二次多项式方程进行拟合并加以预测，将各预测分量进行重构，作为年径流序列的预测值，最后将预测结果与运用基于 EMD 的 AR 模型的预测结果以及单独运用 AR 模型预测的结果进行对比评价。

9.2.1 EEMD

对本书研究的上静游、汾河水库、寨上和兰村 4 个水文站的年径流序列进行 EEMD，分解结果如图 9.1 所示。

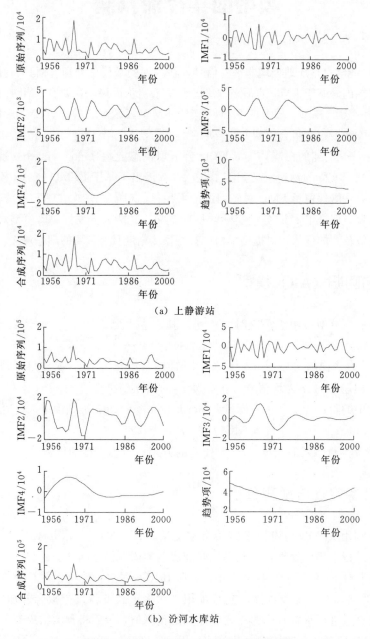

（a）上静游站

（b）汾河水库站

图 9.1（一） 汾河上游 4 站点 EEMD 图

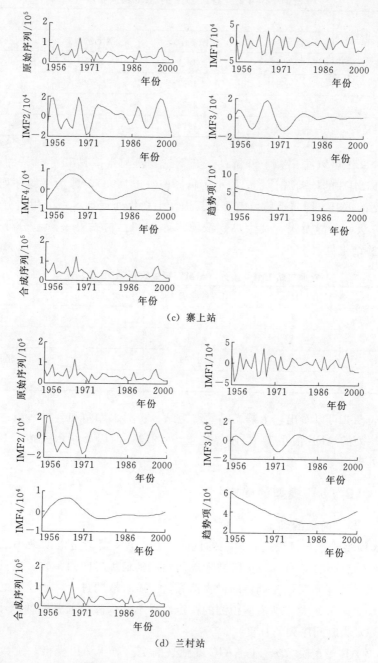

（c）寨上站

（d）兰村站

图 9.1（二） 汾河上游 4 站点 EEMD 图

AR（p）模型建模的条件为时间序列是平稳序列，因此需要对 EEMD 得到的各阶 IMF 进行平稳性检验，检验结果见表 9.1。

表 9.1　　　　　　　　　汾河上游 4 站点各阶 IMF 的 ADF 检验结果

项　　目	t 统计量			
	上静游站	汾河水库站	寨上站	兰村站
IMF1	−7.97	−3.44	−6.78	−6.57
IMF2	−6.37	−4.99	−3.72	−2.63
IMF3	−3.47	−2.78	−2.93	−5.28
IMF4	−1.31	−1.70	0.48	−1.43

由表 9.1 可以看出，上静游站、寨上站、汾河水库站和兰村站的 IMF1、IMF2 和 IMF3 的检验统计量 t 均小于临界值（−1.95），即为平稳序列，而 4 个水文站的 IMF4 均非平稳，需要对其进行平稳化处理，本书采用差分的平稳化处理方法，上静游站、寨上站、汾河水库站和兰村站经一阶差分处理后的 ADF 检验结果见表 9.2。

表 9.2　　　　　4 个水文站 IMF4 差分（ΔIMF4）处理后 ADF 检验结果

站　　点	Lag Length	ADF 检验统计量	5%临界值	结论
上静游	9	−3.74	−1.95	平稳
汾河水库	3	−2.67	−1.95	平稳
寨上	3	−2.69	−1.95	平稳
兰村	3	−3.11	−1.95	平稳

由表 9.2 可以看出，上静游站、寨上站、汾河水库站和兰村站经一阶差分后得到序列的 ADF 值小于 5%临界值（−1.95），所以 4 个水文站 IMF4 经一阶差分处理后变为平稳序列。

9.2.2　AR（p）模型的建立

9.2.2.1　模型阶数的确定

AR 模型阶数直接决定着模型的预测精度。AR 模型是借助最小二乘法对资料进行最佳拟合，只有最优阶数才能回归得到最优自回归系数，也只有最优自回归系数才能涵盖径流资料的最大信息量，阶数取的过小，则模型的平滑性欠佳；反之阶数过大，则模型预测的稳定性得不到保障。通常阶数取小于 $n/2$ 较适宜（n 为时间序列的长度）。

本书 AR 模型阶数 m 通过 AIC 准则来确定。对于 AR 模型，阶数 m 从 0 开始一直到 $n/2$（本书取 $n=40$），随着 m 增大，拟合误差逐渐减小，此时拟合误差起关键性作用，AIC(m) 值也逐渐减小，当达到某一阶数 m_0 时，AIC（m_0）值达到极小。之后，随着阶数的增大，拟合误差改善甚微，这时模型的阶数开始起决定性作用，AIC(m)值开始增大。因此，在 AIC(m_0)＝minAIC(m)时，模型的阶数达到最优，m_0即为所求的最优阶数。

经计算上静游站的 4 个固有模态函数（IMF1、IMF2、IMF3、ΔIMF4）的 AIC 值分别在阶数为 2、6、3、3 时取得最小值，所以分别用 AR（2）、AR（6）、AR（3）、AR（3）模型对上静游站的 IMF1、IMF2、IMF3、ΔIMF4 进行预测。同理可确定汾河水库站 4 个固有模态函数（IMF1、IMF2、IMF3、ΔIMF4）的模型阶数分别为 2、3、3、1；寨上站 4 个固有模态函数（IMF1、IMF2、IMF3、ΔIMF4）的模型阶数为 2、2、4、3；兰村站 4 个固有模态函数（IMF1、IMF2、IMF3、ΔIMF4）的模型阶数为 2、2、2、2。

9.2.2.2　模型参数估计

本书需要对参数均值 μ、方差 σ^2 和自回归系数 φ_1，φ_2，…，φ_p 加以确定。

μ 和 σ^2 的估计方法一般有极大似然估计法、最小二乘法、矩法等，本书采用的是矩法估计。估计结果见表 9.3。

表 9.3　　　　　　汾河上游 4 个水文站点各阶 IMF 的均值及方差

站　　点	特征值	IMF1	IMF2	IMF3	ΔIMF4
上静游	μ	−234.56	4.33	133.05	35.24
	σ^2	6550254	1467318	1203536	602848
汾河水库	μ	−2679.75	989.99	−31.07	310.56
	σ^2	224270134	74368602	26783671	11273933
寨上	μ	−2574.51	979.51	415.54	119.01
	σ^2	306078825	104250314	45593772	14588122
兰村	μ	−2613.21	472.47	178.32	−252.56
	σ^2	295436128	82873979	32752978	10469166

运用 Yule－Walker 方程对自回归系数进行估计，估计结果见表 9.4。

表 9.4　　　　　　汾河上游 4 个水文站点各阶 IMF 的自回归系数

站　　点	自回归系数	IMF1	IMF2	IMF3	ΔIMF4
上静游	φ_1	−0.50	0.97	2.10	1.07
	φ_2	−0.37	−1.43	−1.73	−0.01
	φ_3	—	0.39	0.47	−0.23
	φ_4	—	−0.60	—	—
	φ_5	—	0.04	—	—
	φ_6	—	−0.27	—	—

续表

站　　点	自回归系数	IMF1	IMF2	IMF3	ΔIMF4
汾河水库	φ_1	−0.41	1.45	1.39	0.91
	φ_2	−0.34	−1.17	−0.48	—
	φ_3		0.34	−0.21	
寨上	φ_1	−0.41	0.91	2.22	1.11
	φ_2	−0.34	−0.63	−2.16	−0.01
	φ_3			0.98	−0.22
	φ_4			−0.23	
兰村	φ_1	−0.50	0.92	1.59	1.10
	φ_2	−0.40	−0.63	−0.86	−0.22

9.2.2.3　纯随机序列模拟

自回归 AR 模型中独立随机变量 $\varepsilon_t = \sigma_\varepsilon \xi_t$，其中 σ_ε 为残差的标准差，ξ_t 为纯随机序列，由统计学理论可知，残差项 ε_t 与其相对应的各水文站的各 IMF 服从同一分布。要对纯随机序列进行模拟，必须先确定汾河上游各站 IMF 的分布情况。

利用 Shapiro - Wilk 检验理论（W 检验）对 EEMD 得到的各阶 IMF 进行正态性检验，检验结果见表 9.5。

表 9.5　　　　　　　　　　汾河上游 4 个水文站 W 检验结果

站　　点	IMF1	IMF2	IMF3	ΔIMF4
上静游	0.975	0.980	0.970	0.297
汾河水库	0.978	0.957	0.937	0.147
寨上	0.969	0.944	0.947	0.178
兰村	0.973	0.942	0.958	0.139

由表 9.5 可以看出，上静游站和兰村站的 IMF1、IMF2、IMF3 的 W 检验结果均大于 $W_{0.05}$（$W_{0.05} = 0.945$），说明上静游站和兰村站的 IMF1、IMF2、IMF3 均服从正态分布，然而该 2 站点的 ΔIMF4 W 检验结果均小于 $W_{0.05}$，说明这 2 个序列不服从正态分布。汾河水库站的 IMF1、IMF2 W 检验结果均大于 $W_{0.05}$，说明这 2 个序列服从正态分布，而 IMF3、ΔIMF4 W 检验结果小于 $W_{0.05}$，说明这 2 个序列不服从正态分布。寨上站的 IMF1、IMF3 W 检验结果均大于 $W_{0.05}$，说明这 2 个序列服从正态分布

列，而 IMF2、ΔIMF4 W 检验结果小于 $W_{0.05}$，说明这 2 个序列不服从正态分布列。

对于具有偏态性的水文序列，一般把 ε_t 当作 P-Ⅲ 型分布进行模拟，所以上静游站和兰村站的 ΔIMF4，汾河水库站的 IMF3、ΔIMF4，寨上站的 IMF2 和 ΔIMF4 模型的纯随机序列均按 P-Ⅲ 分布模拟，其余 IMF 模型的纯随机序列按正态分布模拟。

9.2.2.4 预测结果对比分析

对汾河上游 4 个水文站各阶 IMF 进行预测，其中随机项序列分别根据各阶 IMF 本身的正态性由 Matlab 模拟得到，而最后趋势项由二次多项式拟合方程进行预测。将预测得到的各阶 IMF 和趋势项进行重构得到汾河上游 4 个水文站 1996—2000 年的年径流预测值，其中分别对上静游站、汾河水库站、寨上站和兰村站的 ΔIMF4 进行差分还原。将基于 EEMD 的 AR 模型的预测结果与基于 EMD 的 AR 模型的预测结果以及单独运用 AR 模型预测的结果进行对比，见表 9.6。

表 9.6　　　　　　　年径流预测模型的预测误差统计表　　　　　　　%

| 模　　型 | 预测通过率 | | | | | | | |
| | $E=10$ | | | | $E=20$ | | | |
	上静游	汾河水库	寨上	兰村	上静游	汾河水库	寨上	兰村
EEMD - AR	100	80	100	100	100	100	100	100
EMD - AR	80	60	100	60	100	80	100	100
AR	60	40	80	20	80	60	80	60

由表 9.6 可以看出，基于 EEMD 的 AR 模型的上静游站、汾河水库站、寨上站和兰村站 1996—2000 年的年径流量的预测合格率（$E=20\%$）均达到了 100%，而上静游站、寨上站和兰村站的相对误差均小于 10%，汾河水库站有 80% 的预测值相对误差小于 10%，均明显高于基于 EMD 的 AR 模型的预测合格率和单独运用 AR 模型预测的结果，说明采用 EEMD-AR 模型后，年径流的预测精度有了显著的提高。

9.3　本章小结

（1）汾河上游 4 个水文站的年径流序列均为非平稳序列，经 EEMD 后得到平稳序列，满足 AR 模型的建模条件。

（2）本章研究了 EEMD 与 AR 耦合模型在径流中长期预测中的应用，该耦合模型在充分发挥 EEMD 平稳化数据及避免模态混叠优势的基础上，结合了 AR 模型对平稳时间序列有效预测的特点，采用 AIC 准则对模型进行优选，最后将预测结果与基于 EMD 的 AR 模型预测结果以及单独运用 AR 模型的预测结果进行对比评价。

参 考 文 献

［ 1 ］ 张利平，夏军，胡志芳．中国水资源状况与水资源安全问题分析 ［J］．长江流域资源
与环境，2009，18（2）：116-120.

［ 2 ］ 刘永懋，宿华，刘巍．中国水资源的现状与未来——21 世纪水资源管理战略 ［J］.
水资源保护，2001（4）：13-15+71.

［ 3 ］ 黄强，赵雪花．河川径流时间序列分析预测理论与方法 ［M］．郑州：黄河水利出版
社，2008.

［ 4 ］ 王双银，史宝利，彭莉，等．冯家山水库入库径流特性研究 ［J］．干旱地区农业研
究，2002，20（1）：88-91.

［ 5 ］ 李艳，陈晓宏，张鹏飞．北江流域径流序列年内分配特征及其趋势分析 ［J］．中山大
学学报：自然科学版，2007，46（5）：113-116.

［ 6 ］ 胡彩霞，谢平，许斌，等．基于基尼系数的水文年内分配均匀度变异分析方法——
以东江流域龙川站径流序列为例 ［J］．水力发电学报，2012，31（6）：7-13.

［ 7 ］ 徐东霞，章光新，尹雄锐．近 50 年嫩江流域径流变化及影响因素分析 ［J］．水科学
进展，2009，20（3）：416-421.

［ 8 ］ 马颖，张松涛．海河水系降水与径流趋势变化及突变分析 ［J］．海河水利，2010，6：
4-6.

［ 9 ］ 吕继强，张晓伟，沈冰，等．和田河年径流序列变化特征及驱动因素分析 ［J］．水力
发电学报，2010，29（5）：165-169.

［10］ 杨帆，王志坚，娄渊胜．时间序列趋势分析方法的一种改进 ［J］．计算机技术与发
展，2006，16（5）：82-84.

［11］ 王生雄，魏红义，王志勇．渭河径流序列趋势及突变分析 ［J］．人民黄河，2008，30
（9）：26-27.

［12］ 刘建梅，王安志，裴铁璠，等．杂谷脑河径流趋势及周期变化特征的小波分析 ［J］.
北京林业大学学报，2006，27（4）：49-55.

［13］ 魏凤英．现代气候统计诊断与预测技术 ［M］．北京：气象出版社，2007.

［14］ 李宝琦，袁鹏，马妍博．基于极大熵谱估计的径流周期分析 ［J］．西南民族大学学报
（自然科学版），2014，40（1）：120-123.

［15］ 朱蕾．乌鲁木齐市近 50 年降水的奇异谱分析 ［J］．湖北气象，2004（3）：15-18.

［16］ 刘素一．小波理论在径流分析中的应用 ［D］．武汉：华中科技大学，2003.

［17］ 卢文喜，陈社明，王晨子，等．基于小波变换的大安地区年降水量变化特征 ［J］．吉
林大学学报（地球科学版），2010，40（1）：121-127.

［18］ 翟劭燚，张建云，刘九夫，等．海河流域近 50 年降水变化多时间尺度分析 ［J］．海
河水利，2009（1）：1-3.

［19］ 李占玲，徐宗学，巩同梁．雅鲁藏布江流域径流特性变化分析 ［J］．地理研究，
2008，27（2）：353-361.

[20] 傅朝，王毅荣.中国黄土高原降水对全球变化的响应 [J].干旱区研究，2008，25
（3）：447－451.

[21] 李远平，杨太保.柴达木盆地近50年来年气温、降水的小波分析 [J].干旱区地理，
2007，30 (5)：708－713.

[22] 邵晓梅.黄河流域节水农业关键问题的区域特征研究 [D].北京：中国农业科学
院，2005.

[23] 王澄海，崔洋.西北地区近50年降水周期的稳定性分析 [J].地球科学进展，2006，
21 (6)：576－584.

[24] 邵骏，袁鹏，颜志衡，等.基于HHT的雅鲁藏布江径流变化周期及趋势分析 [J].
中山大学学报（自然科学版），2010，49 (1)：125－130.

[25] Huang N E，Shen Z，Long S R. A new view of nonlinear water waves：The Hilbert
Spectrum [J]. Annual Review of Fluid Mechanics，1999，31 (20)：417－457.

[26] 谭善文.多分辨希尔伯特黄变换方法的研究 [D].重庆：重庆大学，2001.

[27] Wu Z，Huang N E. Ensemble Empirical Mode Decomposition：a noise－assisted data analy-
sis method [R]. Galverton：Center for Ocean－Land－Atmosphere Studies，2005.

[28] Xu Lei. Theories for unsupervised learning：PCA and its nonlinear extensions [J].
Proceedings of the 1994 IEEE International Conference on Neural Network，1994：
1252－1257.

[29] 邓红霞，李存军，朱兵，等.基于鲁棒PCA聚类分析的径流周期特性研究 [J].武
汉大学学报（工学版），2006，39 (1)：10－14.

[30] 杨鉴初.运用气象要素历史演变的规律性作一年以上的长期预告 [J].气象学报，
1953，24 (2)：100－117.

[31] 杨鉴初.十年来我国长期天气预报的研究 [J].气象学报，1959，30 (3)：231－235.

[32] 涂长望，卢鋈.中国气候区域 [J].气象杂志，1936 (3)：487－518.

[33] 张家诚，管馥生，期公望.长江流域中下游和河北平原夏季旱涝环流特征的初步分
析 [J].地理学报，1965 (1)：25－35.

[34] Malvagi F，Pomraning G C. Initial and boundary conditions for diffusive linear
transport problems [J]. Journal of Mathematical Physics，1991，32 (3)：805－820.

[35] Andah K，Siccardi F. Prediction of hydrometeorological extremes in the Sudanese Nile
region：A need for international co－operation [M]. IAHS Publication (International
Association of Hydrological Sciences)，1991.

[36] 王富强，霍风霖.中长期水文预报方法研究综述 [J].人民黄河，2010，32 (3)：25－27.

[37] 曹丽青，林振山.基于EMD的HHT变换技术在长江三峡水库年平均流量预报中的
应用 [J].水文，2008，28 (6)：21－23.

[38] 周惠成，彭勇.基于小波分解的月径流预测校正模型研究 [J].系统仿真学报，
2007，19 (5)：1104－1108.

[39] 张明，廖松，谷兆棋.径流过程随机模拟的混合模型及其应用 [J].水力发电学报，
2005，24 (1)：1－5.

[40] 李亚娇，沈冰，李家科.年径流预测的小波系数加权和模型 [J].应用科学学报，
2007，25 (1)：96－99.

[41] 王文圣，朱聪，丁晶.应用小波-人工神经网络组合模型研究电力负荷预报 [J].水

电能源科学，2004，22（2）：68－70.

[42] 陈仁升，康尔泗，张济世．基于小波变换和 GRNN 神经网络的径流模型在雅砻江流域中的应用 [J]．干旱区资源与环境，2001，15（3）：71－78.

[43] 刘素一，权先璋，张勇传．小波变换结合 BP 神经网络进行径流预测 [J]．人民长江，2003，34（7）：38－39.

[44] 陈仁升，康尔泗，张济世．基于小波变换和 GRNN 神经网络的黑河出山径流模 [J]．中国沙漠，2001，21（S）：12－16.

[45] 蒋晓辉，刘昌明．基于小波分析的径向基神经网络年径流预测 [J]．应用科学学报，2004，22（3）：411－414.

[46] 陈守煜，王大刚．基于遗传算法的模糊优选 BP 网络模型及其应用 [J]．水利学报，2003（5）：116－121.

[47] 何伟，李亚伟，金栋，等．基于 PSO 的模糊人工神经网络径流预报模型 [J]．气象水文海洋仪器，2004（2）：18－21.

[48] 刘少华，丁贤荣，毛红梅．水文时间序列的混沌神经网络预报 [J]．人民长江，2002，33（9）：13－15.

[49] 刘少华，毛红梅．一种水文时间序列预报的新方 [J]．武汉大学学报（工学版），2002，35（4）：52－55.

[50] 蒋传文，权先璋，陈实，等．径流序列的混沌神经网络预测方法 [J]．水电能源科学，1999，17（2）：39－41.

[51] 殷峻暹，蒋云钟，鲁帆．基于组合预测模型的水库径流长期预报研究 [J]．人民黄河，2008，30（1）：28－29.

[52] 黄伟军，赵永龙，丁晶．径流的最优组合预测及其贝叶斯分析 [J]．成都科技大学学报，1996（6）：97－102.

[53] 王文圣，李跃清，向红莲．基于小波分析的组合随机模型及其在径流预测中的应用 [J]．高原气象，2004，23（S）：146－149.

[54] 丁晶，邓育仁．水文水资源中不确定性分析与计算的耦合途径 [J]．水文，1996（1）：19－21.

[55] 段召辉，李承军．日径流的组合预测模型 [J]．水利水运工程学报，2004（3）：67－69.

[56] 胡平，康玲．一种非线性组合预测方法在径流预测中的应用 [J]．中国农村水利水电，2004（3）：38－40.

[57] 金菊良，杨晓华，丁晶．年径流预测的遗传门限自回归模型 [J]．四川水力发电，2001，20（1）：22－24＋31＋102.

[58] Murat Y S, Ceylan H. Use of artificial networks for transport energy demand modeling [J]. Energy Policy, 2006, 34 (17): 3165－3172.

[59] Refsgaard J C, Hansen E. Economic value of low flow data [J]. Nordic Hydrology, 1976, 7: 57－72.

[60] Makridakis S, Winkler R L. Averages of forecasts: Some empirical results [J]. Management Science, 1983, 29 (9): 987－996.

[61] McLeod A L, Noakes D J, Hopel K W, et al. Combining hydrologic forecasts [J]. Journal of Water Resources Planning and Management, 1987, 113 (1): 29－41.

[62] Donaldson R G, Kamstra M. Forecast combining with neural networks [J]. International

Journal of Forecast, 1996, 15: 49-61.

[63] Shamseldin A Y, O'Connor, K M, Liang G C. Methods for combining the outputs of different rainfall-runoff models [J]. Journal of Hydrology, 1997, 197 (1-4): 203-229.

[64] Schreider S Y, Jakeman A J, Dyer B G, et al. A combined deterministic and self-adaptive stochastic algorithm for streamflow forecasting with application to catchments of the Upper Murray Basin, Australia [J]. Environmental Modelling & Software, 1997, 12 (1): 93-104.

[65] Shamseldin A Y, O'Connor K M. A non-linear neural network technique for updating of river flow forecasts [J]. Hydrology and Earth System Sciences, 2001, 5 (4): 557-598.

[66] Kim Y O, Jeong D I, Ko I H. Combining rainfall-runoff models for improving ensemble streamflow prediction [J]. Journal of Hydrology, 2006, 11 (6): 578-588.

[67] Jeong D I, Kim Y O. Combining single-value streamflow forecasts - A review and guidelines for selecting techniques [J]. Journal of Hydrology, 2009, 377: 284-299.

[68] 傅新忠, 冯利华, 陈闻晨. ARIMA 与 ANN 组合预测模型在中长期径流预报中的应用 [J]. 水资源与水工程学报, 2009, 20 (5): 105-109.

[69] 黄志强, 李柏宏, 凌仙华. 水文模型组合预报应用研究 [J]. 浙江水利水电专科学校学报, 2009, 21 (1): 30-33.

[70] 孙惠子, 粟晓玲, 昝大为. 基于最优加权组合模型的枯季径流预测研究 [J]. 西北农林科技大学学报 (自然科学版), 2011, 39 (11): 201-208.

[71] 郭华, 陈勇, 马耀光. 组合灰色预测模型在入库流量预测中的应用 [J]. 干旱地区农业研究, 2012, 30 (3): 96-100.

[72] Huang S Z, Chang J X, Huang Qiang, et al. Monthly streamflow prediction using modified EMD-based support vector machine [J]. Journal of Hydrology, 2014, 511: 764-775.

[73] Huang N E, et al. The empirical mode decomposition and the Hilbert spectrum for nonlinear and nonstationary time series analysis [J]. the Royal Society, 1998, 454: 903-995.

[74] 李靖, 赵雪花, 陈旭. 漳泽水库入库径流特征分析 [J]. 节水灌溉, 2014 (6): 40-43.

[75] 康淑媛, 张勃, 柳景峰, 等. 基于 Mann-Kendall 法的张掖市降水量时空分布规律分析 [J]. 资源科学, 2009, 31 (3): 501-508.

[76] 刘嘉琦, 龚政, 张长宽. 长江入海径流量突变性和趋势性分析 [J]. 人民长江, 2013, 44 (7): 6-10.

[77] 丁爱中, 赵银军, 郝弟, 等. 永定河流域径流变化特征及影响因素分析 [J]. 南水北调与水利科技, 2013, 11 (1): 17-22.

[78] 崔日鲜. 潍坊市近 56 年气温及降水变化特征分析 [J]. 青岛农业大学学报, 2012, 29 (4): 267-272.

[79] 刑万秋, 王卫光, 吴杨青, 等. 淮河流域降雨集中度的时空演变规律分析 [J]. 水电能源科学, 2011, 29 (5): 1-5.

[80] Pettitt A N. A non-Parametric approach to the change point problem [J]. Applling Statistics, 1979, 28: 125-135.

［81］ 谢今范，张婷，张梦远，等．近50a东北地区太阳辐射变化及原因分析［J］．太阳能学报，2012，33（12）：2127－2134．

［82］ 张婷，魏凤英．华南地区汛期极端降水的概率分布特征［J］．气象学报，2009，67（3）：442－451．

［83］ 封国林，龚志强，董文杰，等．基于启发式分割算法的气候突变检测研究［J］．物理学报，2005，54（11）：5495－5499．

［84］ 汪丽娜，陈晓宏，李粤安，等．水文时间序列突变点分析的启发式分割方法［J］．人民长江，2009，40（9）：15－17．

［85］ 张敬平，黄强，赵雪花．漳泽水库水文序列突变分析方法比较［J］．应用基础与工程科学学报，2013，21（5）：837－843．

［86］ 周洪伟．正态性检验的几种常用的方法［J］．南京晓庄学院学报，2012（3）：13－18．

［87］ 白杰华，宋向东．总体正态性检验——W检验法的改进［J］．辽宁工程技术大学学报（自然科学版），2013，32（3）：413－416．

［88］ Hanusz Z，Tarasinska J. Simulation study on improved Shapiro － Wilk tests for normality［J］．Commun Stat － Simul，2014，43（9）：2093－2105．

［89］ 陈昭．时序非平稳性ADF检验法的理论与应用［J］．广州大学学报（自然科学版），2008，7（5）：5－10．

［90］ 中华人民共和国国家技术监督局．GB/T 4882—2001 数据的统计处理和解释 正态性检验［S］．北京：中国标准出版社，2001．

［91］ 赵克勤．集对分析及其初步应用［J］．大自然探索，1994（1）：67－72．

［92］ 王文圣，李跃清．水文水资源集对分析［J］．南水北调与水利科技，2011，（2）：27－32．

［93］ Vautard R，Yiou P，Ghil M. Singular spectrum analysis：A toolkit for short noisy chaotic signals［J］．Physical D，1992，58（1）：95－126．

［94］ 李亚伟，詹卫华，卫东山，等．流域年径流时间序列的奇异谱分析［J］．水电能源科学，2010，28（10）：19－22．

［95］ 王宁，粟晓玲．石羊河流域水文气象要素变化的奇异谱分析［J］．干旱区资源与环境，2013，27（12）：180－185．

［96］ 张强，王本德，何斌，等．SSA分解预测校正模型在年径流预报中的应用［J］．武汉理工大学学报，2010，32（7）：152－155．

［97］ 陈莹，陈兴伟．基于奇异谱分析的闽江流域径流长期预报研究［J］．水资源与水工程学报，2011，22（5）：16－19．

［98］ 黄忠恕．波谱分析方法及其在水文气象学中的应用［M］．北京：气象出版社，1983．

［99］ 张晶，赵雪花．基于EEMD的漳泽水库年径流周期分析［J］．水力发电，2015，41（2）：8－11．

［100］ 赵雪花，陈旭．经验模态分解与均生函数-最优子集耦合模型在年径流预测中的应用［J］．资源科学，2015，37（6）：1173－1180．

［101］ 窦浩洋，邓航，孙小明，等．基于均生函数-最优子集回归预测模型的青藏高原气温和降水短期预测［J］．北京大学学报（自然科学版），2010（4）：643－648．

［102］ 甘旭升，端木京顺，卢永祥．灰色均生函数模型及其在航空装备事故预测中的应用［J］．中国安全科学学报，2010，20（6）：40－44．

[103] 马龙，刘延玺，冀鸿兰，等. 基于气候重建资料及均生函数-最优子集回归模型的降水预测 [J]. 水文，2013，33（1）：63 - 67.

[104] 邓聚龙. 灰色系统理论 [M]. 武汉：华中理工大学出版社，1990.

[105] Chen C I, Chen H L, Chen S P. Forecasting of foreign exchange rates of Taiwan's major trading partners by novel nonlinear Grey Bernoulli model NGBM(1, 1) [J]. Communications in Nonlinear Science and Numerical Simulation, 2008, 13（16）：1194 - 1204.

[106] Confesor R B, Whittaker G K. Automatic calibration of hydrologic models with multi - objective evolutionary algorithm and Pareto optimization [J]. Journal of the American Water Resources Association, 2007, 43（4）：981 - 989.

[107] Gill M K, Kaheil Y H, Khalil A, et al. Multiobjective particle swarm optimization for parameter estimation in hydrology [J]. Water Resources Research, 2006, 42（7）：1 - 14.

[108] Chen C I. Application of the novel nonlinear grey Bernoulli model for forecasting unemployment rate [J], Chaos Solitons & Fractals, 2008, 37（1）：278 - 287.

[109] 郭武，黄兵，李玲. 基于PSO的阶梯水库联合防洪调度 [J]. 水利水运工程学报，2014（2）：43 - 47.

[110] 罗赟骞，夏靖波，王焕彬. 混沌-支持向量机回归在流量预测中的应用研究 [J]. 计算机科学，2009，36（7）：244 - 246.

[111] 陈旭，赵雪花. 基于EMD分解的AR模型在年径流预测中的应用 [J]. 水电能源科学，2014，32（7）：14 - 18.

[112] 姜翔程. 水文时间序列的混沌特性及预测方法 [M]. 北京：中国水利水电出版社，2011.

[113] French M N, et al. Rainfall forecasting in space and time using a neural networks [J]. Journal of Hydrology, 1992, 13（7）：1 - 13.

[114] 杨旭，栾继红，冯国章. 中长期水文预报研究评述与展望 [J]. 西北农业大学学报，2000，28（6）：203 - 208.

[115] Liong S Y, Sivapragasm C. Flood stage forecasting with SVM [J]. Journal of the American Water Resources Association, 2002, 38（1）：173 - 186.

[116] 林剑艺，程春田. 支持向量机在中长期径流预报中的应用 [J]. 水利学报，2006，37（6）：681 - 686.

[117] 李国庆，陈守煜. 基于模糊模式识别的支持向量机的回归预测方法 [J]. 水科学进展，2005，16（5）：741 - 746.

[118] Packark N H, Crutchfield J P. Geometry from a time series [J]. Physical Review Letters, 1980, 45（9）：712 - 716.

[119] Fraser A M, Swinney H L. Independent coordinates for strange attractors from mutual information [J]. Physical Review A, 1986, 33（2）：1134 - 1140.

[120] Kugiurmtzis D. State space reconstruction parameters in the analysis of chaotic time series - the role of the time window length [J]. Physical Review D, 1996, 95（1）：13 - 28.

[121] 王富强，王东风，韩璞. 基于混沌相空间重构与支持向量机的风速预测 [J]. 太阳

能学报，2012，33（8）：1321－1326.

[122] Bao Y, Wang H, Wang B N. Short－term wind power prediction using differential EMD and relevance vector machine [J]. Neural Computing Applications，2014，25（2）：283－289.

[123] Di C L, Yang X H, Wang X C. A four－stage hybrid model for hydrological time series forecasting [J]. Plos One，2014，9（8）：E104663. doi：10. 1371/journal. pone. 0104663.

[124] Kisi O, Latifoglu L, Latifoglu F. Investigation of empirical mode decomposition in forecasting of hydrological time series [J]. Water Resources Management，2014，28（12）：4045－4057.

[125] Zhao Xuehua, Chen Xu. Auto regressive and ensemble empirical mode decomposition hybrid model for annual runoff forecasting [J]. Water Resources Management，2015，29（8）：2913－2926.

[126] 彭志捌. AR(p) 模型在中国总人口预测中的应用 [J]，河北工程大学学报，2007，24（4）：109－112.

[127] 王文圣，丁晶，金菊良. 随机水文学 [M]. 北京：中国水利水电出版社，2008.

[128] 詹道江，叶守泽. 工程水文学 [M]. 北京：中国水利水电出版社，2008.

[129] 唐启义，冯明光. DPS 数据处理系统 [M]. 北京：科学出版社，2006.

[130] 水利部. SL 250—2000 水文情报预报规范 [S]. 北京：中国水利水电出版社. 2000.